BEI GRIN MACHT SICH IHR WISSEN BEZAHLT

- Wir veröffentlichen Ihre Hausarbeit, Bachelor- und Masterarbeit

- Ihr eigenes eBook und Buch - weltweit in allen wichtigen Shops

- Verdienen Sie an jedem Verkauf

Jetzt bei www.GRIN.com hochladen und kostenlos publizieren

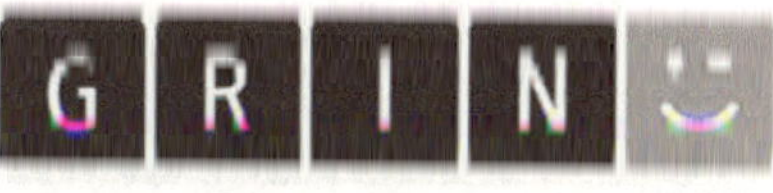

Bibliografische Information der Deutschen Nationalbibliothek:

Die Deutsche Bibliothek verzeichnet diese Publikation in der Deutschen National-
bibliografie; detaillierte bibliografische Daten sind im Internet über http://dnb.d-
nb.de/ abrufbar.

Impressum:

Copyright © 2018 GRIN Verlag
Druck und Bindung: Books on Demand GmbH, Norderstedt Germany
ISBN: 9783668716834

Dieses Buch bei GRIN:

https://www.grin.com/document/427704

Florian Selchow

Entwicklung eines Kriterienkatalogs für geeignete Prozesse im Customer Service zur Prozessautomatisierung mit Robotic Process Automation (RPA)

GRIN Verlag

I Inhaltsverzeichnis

II Abkürzungsverzeichnis

BPMS	Business Process Management
BPO	Business Process Outsourcing
CRM	Customer Relationship Management
DMS	Dokumentenemanagementsystem
E2E	End to End
EDV	Elektronische Datenverarbeitung
ERP	Enterprise-Resource-Planning
FTE	Full-time Equivalent
IBM	International Business Machines Corporation
KI	Künstliche Intelligenz
OCR	Optical Character Recognition
RPA	Robotic Process Automation
SQL	Structured Query Language

III Abbildungsverzeichnis

0 Abstract

Globalization, internationalization and competitive pressure are resulting in high dynamics for a business. Therefore, the companies have to adapt the specific requirement within a very short time. But there is also the need of looking into the distant future in order to gain competitive advantages. The European finance sector is also confronted with major challenges. Especially the continuing low level of interest is increasing the pressure on financial companies. For this reason they have to identify appropriate measures in order to reduce costs and to remain competitive.

Robotics is a technology which can help companies to automate the processes very quickly because of the independence from the IT department. Overall, employee capacities can be released for other value-adding activities. The question is which process can be automated with the robotics process automation technology.

More specifically, criteria should be find which have an impact on the selection of potential processes which could be automated with robotics process automation. In combination with the input from different stakeholders and internal documents, the present thesis will develop a template as an instrument which the company can use for the process evaluation and classification whether a process should be automated with robotics process automation or not.

1 Einleitung

1.1 Herleitung der zentralen Problemstellung

Globalisierung sowie Druck durch die Konkurrenz führen dazu, dass sich ein Unternehmen schnell den Anforderungen aufgrund einer hohen Dynamik anpassen muss.[1] Das Niedrigzinsniveau zwingt die Unternehmen zu erheblichen Einsparungen, weil hohe Erträge ausbleiben.[2] Zudem ist der Finanzdienstleistungssektor seit mehreren Jahren vielen Veränderungen ausgesetzt, die auch im Einsatz digitaler Instrumentarien münden.[3] Es wird versucht, wirksame Strategien zu entwickeln, die zu einer Kostensenkung bei hohem Wettbewerbsdruck führen.[4] Insgesamt muss ein Finanzdienstleistungsunternehmen seine Organisationsstrukturen und Prozesse flexibel anpassen und agieren, um wettbewerbsfähig zu bleiben.[5] Die Geschäftsprozesse eines Unternehmens werden schon heute sowie zukünftig immer stärker von der IT geprägt werden, wobei die Komplexität stetig zunimmt.[6] Hinzu kommt, dass sich die Unternehmen mit dem technologischen Fortschritt auseinandersetzen und Innovationsfähigkeiten entwickeln müssen, um im Wettbewerb Vorteile zu generieren.[7] Geschäftsmodelle werden sich aufgrund der digitalen Transformation hinsichtlich ihrer Gestaltung zwangsläufig entwickeln müssen, sodass Geschäftsprozesse Veränderungen ausgesetzt sind, hinzukommen sowie überarbeitet werden.[8] Der Branchenkompass 2017 zum Themenfeld Banking greift die Thematik auf und zeigt, dass 70 % der befragten Führungskräfte aus Banken und Kreditinstituten Innovationen in Prozessen und Produkten sowie die Steigerung der Kosteneffizienz sehr wichtig bis äußerst wichtig erachten.[9]

Standardisierung, Automatisierung und Spezialisierung gehören zu den maßgeblichen Trends der Industrialisierung im Finanzdienstleistungssektor.[10] Mit zunehmender Anzahl von Technologien im Bereich der KI sowie der Digitalisierung in

---

[1] Vgl. PwC (2010), S.3-10.
[2] Vgl. Accenture (2016b), S. 2.
[3] Vgl. Verdi (2015), S. 36.
[4] Vgl. Zanker/Drick (2011), S. 131-141.
[5] Vgl. Christ (2015), S. 1 und S. 18.
[6] Vgl. Niebisch (2013), S. 27.
[7] Vgl. Frießem (2014), S. 193-194.
[8] Vgl. Hölzle et. Al (2017), S. 359.
[9] Vgl. Sopra Steria GmbH (2017), S. 15.
[10] Vgl. Burgmaier/Hüthig (2015), S. 9.

ihrer Gesamtheit hat diese Entwicklung Geschwindigkeit aufgenommen und spielt bei der Sicherung des zukünftigen Geschäftserfolgs eine signifikante Rolle. Davon sind über die Organisation hinweg alle Unternehmensbereiche betroffen. Das Back Office bzw. die Abwicklung von Geschäftsprozessen sind davon genauso wie das Produktmanagement und die Vertriebsausgestaltung besonders stark von betroffen.[11] Hinzu kommen erhebliche Potenziale aus betriebswirtschaftlicher Sicht, die aus Big Data resultieren. Big Data beinhaltet hier die Verarbeitung und Analyse von Datenmengen, die über klassische Größenordnungen hinausgehen, sodass die Transparenz von Informationen und Frequenz der Informationsverarbeitung zunehmen.[12] Davon profitiert das Unter-nehmen laut einer Deutsche Bank Forschung zum Thema Big Data insbesondere auch in Form eines besseren Informationsmanagements sowie einer optimierten Unternehmenssteuerung.[13] Der Umgang mit diesen Datenmengen ist für 75 % der Manager des Bankensektors laut einer Studie zur Technologie-Vision von Accenture sehr herausfordernd.[14] Diese Herausforderung können Maschinen bereits jetzt in kürzester Zeit bewältigen, um die Ergebnisse zur Verfügung zu stellen, sodass eine spezifische Dienstleistung oder ein individueller Service für den Kunden möglich ist.[15] Dadurch ist es zum Beispiel auch möglich, angebotene Dienstleistungen und Produkte neu zu gestalten sowie Prozesse neu zu konzeptionieren oder einem Re-Engineering zu unterziehen.[16]

Eine Marktanalyse der Lünedonk GmbH, bei der mehr als 100 Manager aus dem Bankensektor befragt worden sind, zeigt, dass die Branche zukünftig von vielen Veränderungen geprägt sein wird, wenn es darum geht, Investitionen in automatisierte Geschäftsprozesse zu tätigen, um Prozesse zu beschleunigen und kostengünstiger zu gestalten.[17] Diese Ausrichtung wird dadurch getrieben, dass eine Vielzahl von Standardisierungs- und Digitalisierungsmöglichkeiten existieren. Zudem fordert der Kunde günstigere Services, sodass hier externer Effizienzdruck auf die Banken wirkt. Als weiterer Treiber sind die Anforderungen aus rechtlicher Sicht aufzuführen.[18] Im Bereich des Customer Service versuchen sich deswegen auch

---

[11] Vgl. Verdi (2015), S. 42.
[12] Vgl. Fasel/Meier (2016), S.5-6.
[13] Vgl. Dapp/Heine (2014), S.6.
[14] Vgl. Accenture (2015), S. 8.
[15] Vgl. Accenture (2016a), S. 11.
[16] Vgl. BITKOM (2012), S. 9 und S. 14 und S. 31.
[17] Vgl. Lünedonk GmbH (2012), S. 22-27 sowie Anhang 2, S. A2.
[18] Vgl. Verdi (2015), S. 43-44.

viele Unternehmen von Wettbewerbern zu unterscheiden bzw. abzuheben und dabei gleichzeitig Preise niedrig zu halten.[19] Back Office Einheiten sind dem permanenten Druck ausgesetzt, sowohl die Kosten niedrig zu halten als auch erstklassigen Service zu bieten. Zudem müssen weitere Einflussfaktoren wie Compliance oder Security Vorgaben ausbalanciert werden, um möglichst effizienten Service zu bieten.[20] Mithilfe von Technologien, Standardisierung, Zentralisierung sowie Optimierung und Automatisierung ist es möglich, die Performance der Back Offices deutlich zu erhöhen.[21] Die nachfolgende Grafik zeigt die bereits beschriebene Wirkung der unterschiedlichen Einflusskräfte auf die Marktsituation.

Abbildung 1: Kräfte, die auf den Customer Service wirken[22]

RPA setzt dort innerhalb eines Unternehmens an, wo ein Mensch noch benötigt wird, um Eingaben in ERP-Systemen zu tätigen, Entscheidungen zu treffen und Alternativen auszuwählen.[23] Die zentrale Problemstellung ergibt sich im Allgemeinen aus der Notwendigkeit des Umgangs mit RPA zur Optimierung und Automatisierung der Prozesse aus Kosten-, Effizienz- und Wettbewerbsgründen. Außerdem lässt sich

---

[19] Vgl. Deloitte (2013), S. 6.
[20] Vgl. Lacity/Willcocks/Craig (2015), S. 3.
[21] Vgl. Lacity/Willcocks/Craig (2015), S. 3-4.
[22] Deloitte (2013), S. 6.
[23] Vgl. Scheer (2017), S. 1.

die wissenschaftliche Relevanz durch Forschungslücken in Bezug auf die konkrete Themenstellung begründen.[24] Es sollen folgende Forschungsfragen im Rahmen der Master Thesis untersucht werden:

- Welche Kriterien sind im Rahmen der Prozessauswahl für die Automatisierung mit RPA für ein Finanzdienstleistungsunternehmen relevant?

- Welche Kriterien haben ein besonders starkes Gewicht in Bezug auf die Prozessauswahl?

Mit den dargestellten Forschungsfragen werden die Eingrenzungskriterien Relevanz, welche den Sinn und die Auswirkung der Forschung beschreibt, sowie Innovation beachtet.[25] Die wissenschaftliche Relevanz ergibt sich zudem aus den Forschungslücken auf einem neuartigen Themengebiet, die der Verfasser durch das Sichten einschlägiger Literatur und Studien begründet, wodurch die Forschungsfragen größtenteils als unerforscht und unbeantwortet angesehen werden müssen.[26] Der Verfasser erwartet von den Forschungsergebnissen, dass diese höchst relevant für die Auswahl von Geschäftsprozessen sein werden, sodass eine Leitlinie geschaffen werden kann, um die richtigen Prozesse für RPA auszuwählen.

1.2 Zielsetzung der Master Thesis

Im Rahmen der Master Thesis wird das Thema „Entwicklung eines Kriterienkatalogs zur Auswahl von geeigneten Prozessen im Customer Service zur Prozessautomatisierung mit Robotic Process Automation" behandelt. Das primäre Ziel der Master Thesis liegt darin, einen Kriterienkatalog für Unternehmensprozesse zu erarbeiten, um sowohl ein Template zur Ideenfindung neuer RPA Themen als auch eine Entscheidungsgrundlage zur Weiterverfolgung und Bewertung von Themen nutzen zu können. Der Mehrwert liegt darin, dass eine Unternehmung bereits am Anfang der Prozesskette in der Lage sein wird, RPA professionell im Unternehmen anzuwenden. Dabei bildet die RPA Software von Blue Prism, die im weiteren Kontext noch erläutert wird, die Grundlage für eine RPA Automatisierung. Diese Applikation wird als gesetzt angesehen und steht nicht zur Diskussion

[24] Hug/Poscheschnik (2015), S. 63.
[25] Vgl. Hug/Poscheschnik (2015), S. 58.
[26] Vgl. Hug/Poscheschnik (2015), S. 63.

Die Basis für die vorliegende Arbeitet bietet eine umfassende Darstellung des Forschungsgebiets der künstlichen Intelligenz. Dabei wird eine Fokussierung auf das Themengebiet RPA als neue Form der Prozessautomatisierungsmöglichkeit angestrebt. Die zentrale Fragestellung ergibt sich daraus, anhand welcher Kriterien sich die Prozesseignung für das Thema feststellen lässt. Durch qualitative Forschungsmethoden interner Natur lassen sich die relevanten Inhalte erheben, um sinnvolle Kriterien abzuleiten. Dadurch ist es möglich, unternehmensspezifische Leitlinien zur Auswahl von Prozessen mit RPA Automatisierungspotenzial abzuleiten.

Zum Verständnis der Arbeit ist herauszustellen, dass ein Prozess bereits mit dem Kundenanliegen, nämlich dem kanalunabhängigen Posteingang im Back Office, beginnt, mit der Fallbearbeitung in den unterschiedlichen IT-Systemen in Form von durchzuführenden Arbeitsschritten und Aktivitäten fortsetzt sowie der damit einhergehenden finalen Erledigung des Kundenanliegens bzw. einem Ergebnis abschließt.

1.3 Aufbau und Vorgehensweise der Master Thesis

In der vorliegenden Arbeit werden im ersten Schritt die wesentlichen theoretischen Grundlagen von RPA sowie die RPA Software Blue Prism vorgestellt. In diesem Zuge wird auch der aktuelle Forschungsstand im Bereich von RPA aufgezeigt. Aus internen Gründen können folgende Kapitel und Sachverhalte nicht dargestellt werden. Zum einen wird nicht anhand von forschungsmethodischen Grundlagen die Vorgehensweise dargestellt, die sich im Rahmen der Master Thesis für das spezielle Forschungsziel eignet. Dabei liegt der Fokus in der Darstellung von geeigneten Erhebungsinstrumenten, mit denen das Thema RPA in Bezug auf die Forschungsfragen wissenschaftlich beleuchtet werden kann. Dadurch wird zudem die Grundlage für die Durchführung der Erhebung sowie die anschließende Datenaufbereitung gelegt. Dabei werden unternehmens- und RPA-spezifische Rahmenbedingungen sowie Inhalte für die Entwicklung der Robotics-Kriterien abgefragt. Außerdem wird nicht aufgezeigt, wie der Kriterienkatalog im vierten Kapitel schrittweise aufgebaut wird. Darunter fällt auch das RPA Template zur Prozessbewertung der RPA. Der Schlussteil wird als drittes Kapitel in komprimierter Form dargestellt.

2 Darstellung theoretischer Grundlagen zu RPA

2.1 Stand der Forschung

Dass das Thema KI immer mehr an Bedeutung gewinnt, lässt sich an den Publikationen in der Industrie- und Servicerobotik sowie den angemeldeten Patenten erkennen.[27] In der Servicerobotik, die bei der Erbringung von Dienst-leistungen unterstützen, ist im gewerblichen Gebrauch damit zu rechnen, dass Robotik zu einem Kernelement bei datengetriebenen Geschäftsmodellen werden kann.[28] Ein Software-Roboter verursacht in etwa ein Zehntel an Kosten im Vergleich zum Personalkörper, was sich auch im Wachstum der Stückzahlen von bestellten Software-Robotern bzw. der Kalkulation an möglichen Bestellungen widerspiegelt.[29]

Dirk Rose, Experte für Prozessautomatisierung, sieht die „Roboter, die im Back Office Seite an Seite mit den Menschen arbeiten"[30] als Erfolgshebel. Er betont zudem, dass ein Softwareroboter, der die Aufgaben eines Menschen vollautomatisiert nachbildet, in standardisierten Prozessen die Prozessgeschwindigkeit deutlich verbessern sowie die Qualität aufrecht erhalten und Kosten senken kann.[31] Das Potenzial wird daran deutlich, dass im Finanz- und Versicherungssektor laut McKinsey ein Prozessautomatisierungspotenzial von ca. 44 % in Relation zur Prozessgesamtheit besteht.[32] KI Software wird dabei zu eine der Kerntechnologien in der Digitalisierungswelle im Bankensektor werden. Die Trendforscher Ambacher, Jánszky und Knapp fordern eine Investition in die IT-Landschaft für Versicherungen, weil Effizienz und Kundennähe bedeutet, dass ein Großteil der Prozesse in nahezu Echtzeit erledigt werden kann.[33]

---

[27] Vgl. Expertenkommission Forschung und Innovation (2016), S. 48.
[28] Vgl. Expertenkommission Forschung und Innovation (2016), S. 50.
[29] Vgl. KPMG (2016), S. 8.
[30] Rose (2017), o.S.
[31] Vgl. Rose (2017), o.S.
[32] Vgl. Anhang 1, S. A1.
[33] Vgl. Ambacher/Knapp/Jánszky (2014), S. 20 und S. 33-36.

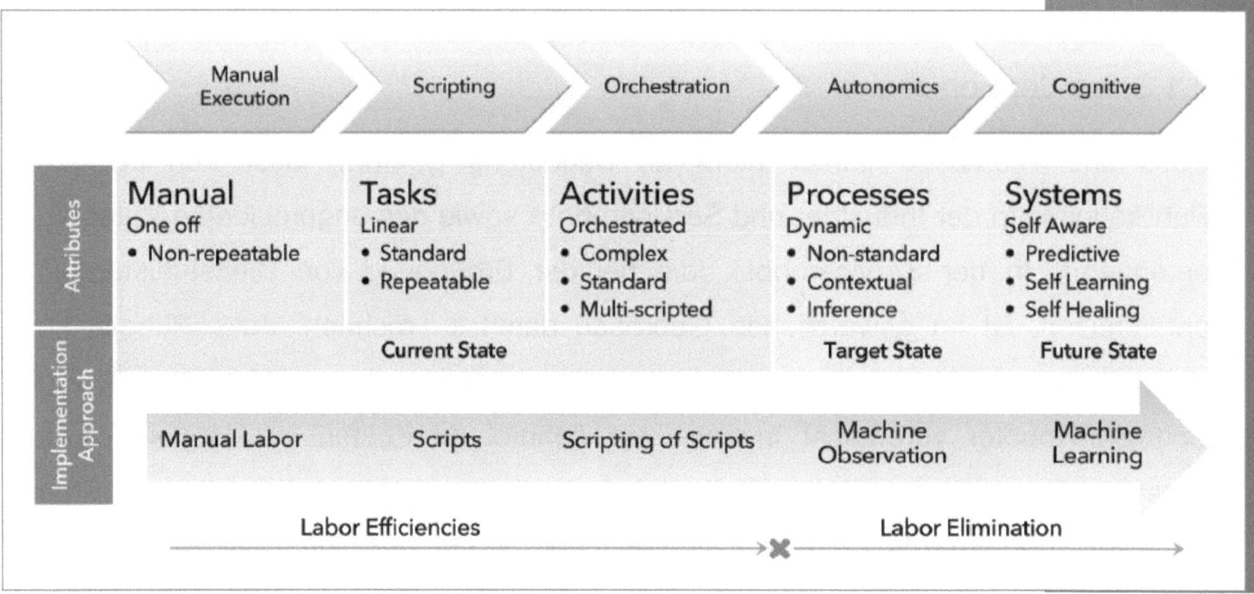

Abbildung 2: Die Evolution in der Automatisierung[34]

Die Abbildung zeigt die Entwicklung der Automatisierungspotenziale. Die Tendenz wird hierbei in Richtung Arbeitskraftablösung gehen, sodass sogar nicht standardisierte und dynamische Prozesse automatisch durchgeführt werden können.[35] So stellt McKinsey auch bereits heraus, dass sowohl kategorische als auch unstrukturierte Daten den Treibstoff für Wertschöpfung und Prozessoptimierung darstellen werden.[36] Diese datengesteuerte Welt wird der Beratungsfirma zufolge dazu führen, dass Systeme, die Machine Learning Mechanismen nutzen, den Kundendienst zukünftig selbst erbringen können.[37]

Als besonders geeignete Einsatzgebiete für RPA werden von der IBM die Bereiche des Customer Service, Finance, Accounting und Human Resources hervorgehoben.[38] Dadurch bieten RPA Technologien gleichzeitig auch eine echte Alternative zu Outsourcing, um operative Kosten zu minimieren und Produktivitäten zu erhöhen.[39] Automatisierung und konsistent gestaltete digitale Prozesse sind laut einer Studie der Sopra Steria Consulting zur Bankenbranche die wichtigsten Effizienzhebel für die Führungskräfte im Bankenbereich. Weiterhin ist der Back Office-Automatisierung das höchste Potenzial bezüglich einer robotergesteuerten

---

[34] Institute For Robotic Process Automation (2015), S.6.
[35] Vgl. Institute For Robotic Process Automation (2015), S. 6.
[36] Vgl. McKinsey & Company (2017), S. 41.
[37] Vgl. McKinsey & Company (2016a), S. 81.
[38] Vgl. IBM Corporation (2016), S. 1.
[39] Vgl. Institute For Robotic Process Automation (2015), S. 28.

Prozessautomatisierung im Zuge dieser Studie zugesprochen worden.[40] Accenture, eine der weltweit größten Dienstleister im Bereich der Management- und Technologieberatung, hat in ihrem Visionsreport für den Bankenbereich herausgestellt, dass in Zukunft Mensch und Technik als Team zusammenarbeiten werden, sodass sich ein Wandel hin zu intelligenten Organisationen vollzieht.[41]

Die Bedeutung von Technologie wird auch daran deutlich, dass 84 % der Manager von Banken der Meinung sind, dass Roboter bzw. Maschinen genauso stark trainiert werden müssen wie Menschen.[42] KPMG zählt die Automatisierungsmöglichkeiten mit Robotics sogar zu den bedeutendsten zukünftigen Chancen für globale Kapitalmärkte und die Finanzdienstleistungsbranche.[43] Das wirft die Frage auf, warum RPA trotz der Vorteile erst jetzt immer mehr Beachtung erhält. Das liegt an verschiedenen Herausforderungen, welche die Aite Group LCC[44] heraushebt. Hierzu gehören unter anderem die fehlende Standardisierung in den Prozessen, regulatorische Hürden oder Silodenken bzw. kulturelle Barrieren.[45] KPMG hebt hervor, dass sich Unternehmen nicht mit der Frage beschäftigen sollten, ob sich eine Investition in RPA lohnt, sondern welcher Weg der Beste sei, um RPA im Unternehmen anzuwenden.[46]

2.2 RPA Software

2.2.1 Allgemeine Funktionsweise von RPA

„Ein System heißt intelligent, wenn es selbstständig und effizient Probleme lösen kann. Der Grad der Intelligenz hängt vom Grad der Selbstständigkeit, dem Grad der Komplexität des Problems und dem Grad der Effizienz des Problemlösungsverfahrens ab."[47] Ein Softwareroboter ist im Rahmen der Arbeit als smarte Anwendung zu verstehen, der die Aufgaben des Menschen am Computer übernimmt bzw. nachahmt.[48] Wichtig ist hierbei, dass der virtuelle Mitarbeiter sehr gezielt entwickelt werden muss, damit dieser exakt nach Vorgaben bzw. Regeln,

---

[40] Vgl. Sopra Steria GmbH (2017), S. 24.
[41] Vgl. Accenture (2015), S. 2.
[42] Vgl. Accenture (2015), S. 10.
[43] Vgl. KPMG (2016), S. 2ff.
[44] Aite Group LLC ist ein unabhängiges Forschungs- und Beratungsunternehmen, das sich auf Geschäfts-, Technologie- und Regulierungsfragen und deren Auswirkungen auf die Finanz-Dienstleistungsbranche konzentriert.
[45] Aite Group LLC (2016), o.O. sowie KPMG (2016), S. 0
[46] Vgl. KPMG (2016), S. 10.
[47] Mainzer (2010), S.3.
[48] Vgl. Institute For Robotic Process Automation (2016), S. 5 sowie PPI AG (o.J.), S. 1.

insbesondere bei einfachen Prozessen, arbeiten kann.[49] Ein Roboter, der RPA zur Prozessabwicklung nutzt, ist eine Software, der den Menschen vollständig in der Abwicklung von Aufgaben ersetzt oder einen Sachbearbeiter prozessbegleitend unterstützt.[50] In diesem Kontext spricht man von einer sogenannten Echtzeit-Unterstützung oder Teilautomatisierung, wohingegen die Vollautomatisierung ganze Prozesse eigenständig übernimmt.[51]

Die Robotics Software wird nicht über Systemschnittstellen an die Vielzahl von Anwendungen angebunden. Stattdessen werden die bereits vorhandenen Benutzeroberflächen bedient, indem sich der Roboter analog eines Menschen in den Anwendungen mit seiner eigenen Benutzerkennung anmeldet und anschließend in den Applikationen bewegt.[52] Die RPA Anwendungen werden zentral innerhalb einer IT-Landschaft installiert, um eine hohe Anzahl von Robotern einheitlich steuern zu können. Dadurch werden die Funktionen der Kontrolle, der Konfiguration bzw. Anpassung und des Monitorings für E2E-Prozesse ermöglicht.[53] RPA kann dabei alle Anwendungen, die ein Mitarbeiter für seine Service-Prozesse benötigt, bedienen. Die Bandbreite geht von CRM-Systemen über EDV-Produkte wie SAP bis hin zu Eigenentwicklungen und Mainframe Software.[54]

Robotics Mechanismen sorgen für eine schnelle Abwicklung von Prozessen, indem die menschliche Komponente von einem Roboter übernommen wird.[55] Dabei nimmt RPA als Software Aufgaben mithilfe von hinterlegten Regeln wahr und interagiert mit einer Vielzahl von Anwendungen, indem Transaktionen wie Dateneingaben auf verschiedenen Benutzeroberflächen ausgeführt werden.[56]

Peter Gißmann, Gründer der ALMATO GmbH, dessen Unternehmen bereits seit 2012 digitale Roboter im Kundenservice und Back Office einsetzt, ist der Meinung, dass auch komplexere Aufgaben automatisiert in einem Workflow durch spezielle Regeln stattfinden können. Dabei ist laut Gißmann wichtig, dass der Roboter

---

[49] Vgl. PPI AG (o.J.), S. 1.
[50] Vgl. Allweyer (2016), S 1.
[51] Vgl. Marketing Resultant GmbH (2016), S. 71.
[52] Vgl. Allweyer (2016), S 1.
[53] Vgl. Allweyer (2016), S. 2
[54] Vgl. Marketing Resultant GmbH (2016), S. 72.
[55] Vgl. IBM Corporation (2016), S. 1.
[56] Vgl. IBM Corporation (2016), S. 1-2.

Entscheidungen darüber treffen kann, ob ein Sonderfall an einen Menschen zur manuellen Bearbeitung ausgesteuert werden muss oder nicht.[57] Dadurch ist es möglich, den Roboter prozessbasiert im Rahmen des Monitorings einzustellen, um auf Muster, Ungereimtheiten oder Fehler zu reagieren, sodass im weiteren Sinne ebenfalls Informationen über das Verhalten von Unternehmensapplikationen vorliegen.[58]

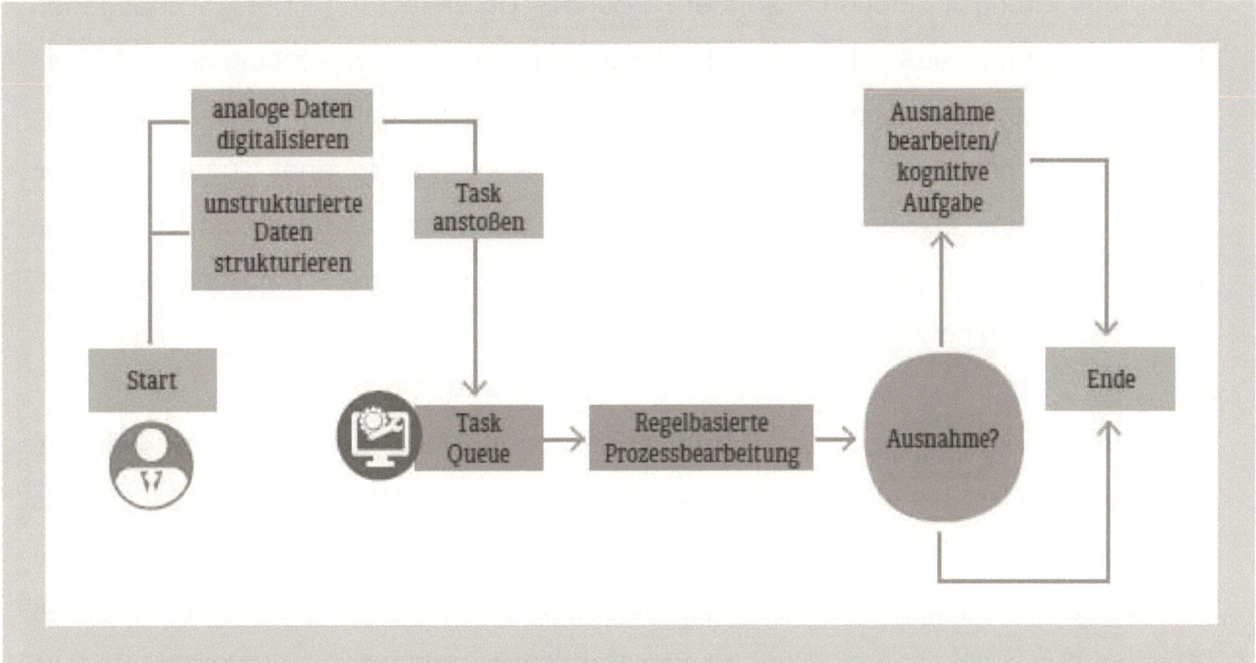

Abbildung 3: RPA im Kundenservice[59]

Die Abbildung verdeutlicht, wie Aufgaben automatisiert und effektiv ablaufen können. Bei sehr komplexen Prozessen wird von Gißmann empfohlen, dass einzelne Prozessschritte automatisiert ablaufen und der Roboter dem Menschen teilautomatisiert weiterhilft, indem Informationen aus verschiedenen Systemen zur Anliegenbearbeitung zur Verfügung stehen.[60]

2.2.2 Charakteristiken und Merkmale von RPA Software

Ein RPA Software ist im engeren Sinne eine virtuelle und künstliche Arbeitskraft bzw. eine Lizenz, die eine Vielzahl von Prozessen innerhalb kürzester Zeitspannen ausführen kann. Eine Lizenz kann hierbei bis zu fünf Mitarbeiter-kapazitäten entsprechen.[61] RPA Software ist keine klassische Unternehmensanwendung,

[57] Vgl. Marketing Resultant GmbH (2016), S. 70.
[58] Vgl. Institute For Robotic Process Automation (2016), S. 10.
[59] Marketing Resultant GmbH (2016), S. 71.
[60] Vgl. Marketing Resultant GmbH (2016), S. 71.
[61] Vgl. Allweyer (2016), S. 3.

sondern ein Hilfsmittel bzw. Tool für das Unternehmen, Applikationen voll- oder teilautomatisiert auszuführen und Aufgaben darin zu bewältigen bzw. Prozesse abzuwickeln.[62] RPA kann als Folgegeneration von Robotern aus der Produktion angesehen werden und werden im Back Office eingesetzt.[63]

Die Programmierung eines RPA Roboters erfolgt nicht nach bekannten Programmierungsmethoden, sondern durch Unterstützung der vorhandenen Prozessabläufe, aus der die Interaktionen des Sachbearbeiters mit den Anwendungssystemen hervorgehen. Dabei ist hervorzuheben, dass die Entwicklung bzw. Programmierung – auch Training des Roboters genannt – des Roboter Prozesses ohne IT-Support und Programmier-Knowhow selbstständig von einem Fachexperten durchgeführt werden kann.[64] Dafür sind längere Einarbeitungszeiten und Schulungen notwendig, um die RPA Anwendung erfolgreich nutzen zu können.[65]

Der Prozessexperte setzt im Rahmen der Entwicklung einer RPA Anwendung verschiedene in der Software vorhandene Objekte analog eines Flow Charts zusammen und definiert Prozess- oder Ausnahmeregeln sowie Plausibilitätsprüfungen.[66] RPA Tools sind zudem in der Lage, in den meisten Anwendungen die logische Struktur von Benutzeroberflächen zu erkennen, sodass keine pixelgenaue Angabe der Position eines Feldes notwendig ist. Allerdings bedeuten wesentliche Änderungen in User Interfaces ebenfalls Wartungs- und Anpassungsarbeiten.[67] Hierbei ist zu beachten, dass der Roboter exakt wissen muss, welches Feld auf der Benutzeroberfläche angesprochen werden soll und welche Konstellationen eine Aktion auslösen. Deswegen ist es notwendig, den RPA Prozess mit Experten zu designen, im Rahmen des Tests aber einen weniger erfahrenen Sachbearbeiter auszuwählen.[68]

Weiterhin ist es sehr hilfreich, dass innerhalb von RPA Anwendungen die Möglichkeit besteht, Prozesse in Echtzeit zu steuern und zu überprüfen. Im Gegensatz zu

---

[62] Vgl. Institute For Robotic Process Automation (2016), S. 7.
[63] Vgl. Protiviti (2016), S. 2.
[64] Vgl. Allweyer (2016), S. 2.
[65] Vgl. Allweyer (2017), S. 3.
[66] Vgl. Allweyer (2016), S. 3 sowie Lacity/Willcocks/Craig (2015), S. 1-16.
[67] Vgl. Tucci (2016), o.S.
[68] Vgl. Tucci (2016), o.S.

herkömmlichen IT Lösungen bietet RPA dem Fachbereich selbst einen Zugang zur Automation und macht diese nutzbar sowie sichtbar.[69]

2.2.3 Die RPA Software Blue Prism

Blue Prism ist eine der führenden Firmen auf diesem Gebiet und bietet eine Software zur Automatisierung von Geschäftsprozesse. Dabei wird RPA objektorientiert genutzt, um Applikationen im Rahmen eines Prozesses automatisiert zu bedienen.[70] Unter dem Motto, dass man dem Roboter aus dem Menschen entfernt, wenn dieser banale und wiederholende Aufgaben erledigen muss, bringt RPA einen Mehrwert für das Unternehmen.[71] Die RPA Plattform hat Blue Prism in mehr als 12 Jahren entwickelt und beinhaltet unter anderem einen Kontrollraum und Dashboards, um beispielsweise Prozessausnahmen system- oder prozessseitiger Natur zu managen.[72] Das sogenannte Studio ist Bestandteil der Software und dafür da, die Automatisierung zu entwickeln. Hier findet eine Unterscheidung zwischen Objekten und Prozessen statt, wobei die Objekte dafür genutzt werden, um vorzugeben, wie Blue Prism mit den Benutzeroberflächen der unterschiedlichen Unternehmensapplikationen interagieren soll.[73] Dazu ist zunächst ein Applikationsabbild, das die Elemente des User Interfaces zeigt, notwendig. Dabei gibt es unterschiedliche Ansätze, die auch Modus genannt werden, um eine Verbindung mit der Unternehmensapplikation aufzunehmen.[74] Unabhängig vom Ansatz ist jede neue Applikation als Objekt zu definieren. Es muss trainiert werden, wo sich Elemente wie Datenfelder und Buttons befinden, um diese Informationen innerhalb einer Aktion, beispielsweise das Schreiben in ein Datenfeld, zu nutzen.[75] Die Prozessebene ist für die Entwicklung des E2E-Prozesses zuständig und beinhaltet die Logik des Prozesses. Hier wird festgelegt, welche Entscheidungen getroffen und Ausnahmen behandelt werden.[76] Auf weitere Beschreibungen des Trainings bzw. der Entwicklung mit der RPA Software Blue Prism wird der Verfasser verzichten und verweist auf Chappells Kurzbeschreibung von Blue Prism.[77]

---

[69] Vgl. IBM Corporation (2016), S. 1.
[70] Vgl. Blue Prism (2017), S. 17.
[71] Vgl. McKinsey (2016b), o.S.
[72] Vgl. Blue Prism (2017), S. 10.
[73] Vgl. Chappell (2017), S. 6.
[74] Vgl. Chappell (2017), S. 9-10.
[75] Vgl. Chappell (2017), S. 9-11.
[76] Vgl. Blue Prism (2017), S. 17.
[77] Vgl. Chappell (2017), S. 1-22.

Die nachfolgende Grafik zeigt das Zusammenspiel zwischen dem Fachbereich und der IT. Es wird deutlich, dass die IT nur dafür verantwortlich ist, die Rahmenbedingungen sicherzustellen. Der Fachbereich hingegen kann autonom handeln und ist in der Lage, Fehler selbstständig zu beheben, Regeln zu definieren und die Entwicklung bzw. das Training selbstständig durchzuführen.[78] Die Objekte in der RPA Software von Blue Prism lassen sich prozessübergreifend wiederverwenden, wenn eine Objektbibliothek aufgebaut wird.[79] Weiterhin kann der Fachbereich selbst bestimmen, wann Arbeitsvolumen durch RPA bewältigt werden.[80] Blue Prism nutzt den Ansatz von Warteschlangen, sodass es möglich ist, die Ressourcen dynamisch zu steuern, sodass dem Fachbereich ein hohes Maß an Flexibilität gegeben wird.[81] Außerdem wird der Prozess vollständig auditiert, indem alle Aktivitäten in Form von Log-Dateien dokumentiert werden, sodass eine vollständige Transparenz gewährleistet wird.[82] So lassen sich Informationen wie erledigte Vorgänge, Durchlaufzeiten oder Fehlerbeschreibungen über den Roboter-Prozess in Echtzeit abrufen.[83] Weiterhin loggt die Software ebenfalls die Erstellung, Editierung und Löschung von Prozessen sowie weitere Systemnutzungsaktivitäten, um eine vollständige Übersicht im Tagesgeschäft sicherzustellen.[84]

---

[78] Vgl. Blue Prism (2017), S. 17.
[79] Vgl. Chappell (2017), S. 8.
[80] Vgl. Blue Prism (2017), S. 15.
[81] Vgl. Blue Prism (2017), S. 16 sowie Chappell (2017), S. 20.
[82] Vgl. Blue Prism (o.J. a), S. 4-6.
[83] Vgl. Chappell (2017), S. 6.
[84] Vgl. Blue Prism (o.J. a), S. 7.

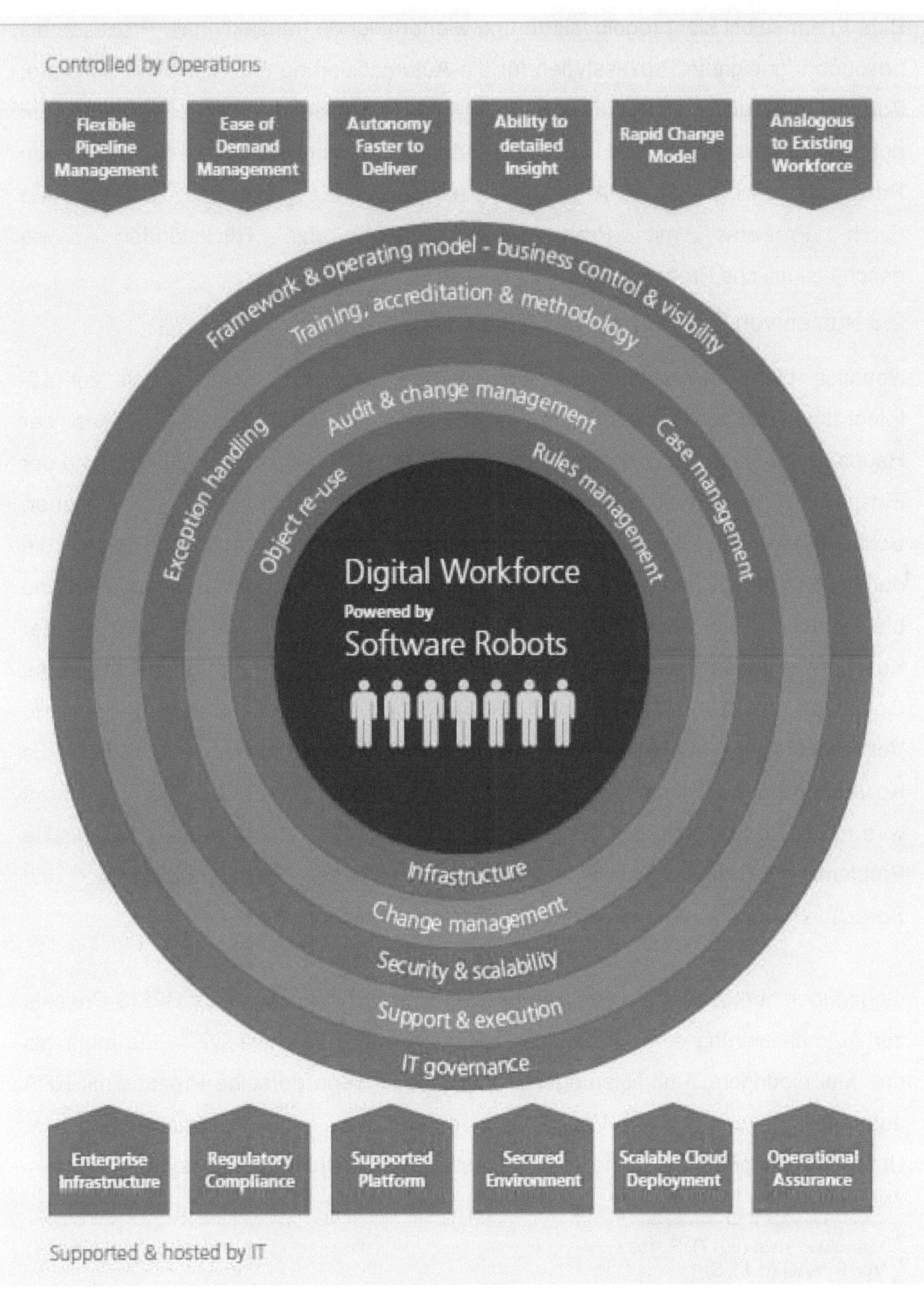

Abbildung 4: Partnerschaft zwischen Fachbereichen und IT[85]

[85] Blue Prism (2017), S. 13.

Blue Prism selbst sieht regelbasierte und wiederholende transaktionale Prozesse als besonders geeignete Prozesstypen für die Automatisierung mit ihrer RPA Software. Zudem führt Blue Prism auf, dass hochvolumige Prozesse sowie Prozesse mit einem hohen Qualitätsanspruch in Bezug auf die Prozesseinhaltung zu den typischen Prozessmustern, die für RPA geeignet sind, gehören. Ergänzt wird die Sammlung durch Prozesse mit Prozessschwankungen oder Rückständen sowie geschäftskritische Prozesse.[86]

2.3 Nutzen von RPA

Robotics bietet insgesamt eine kostengünstige Lösung im Vergleich zur IT-Integration und der damit verbundenen Schnittstellenproblematik.[87] Eines der Hauptargumente sind die Kosteneinsparungen, die RPA mit sich bringt. Aufgrund der Einsparung an Personalkapazitäten sind die Auswirkungen gut messbar. Schätzungen zu folge verursachen Roboter ein Neuntel der Kosten, die durchschnittlich im mitteleuropäischen Bereich für den Personalkörper anfallen, die bisher in den manuellen Prozessen benötigt worden sind.[88] KPMG zieht bei der Kostenbetrachtung einen Vergleich zum BPO, bei denen die Einsparungen im Gegensatz zu RPA (40 % bis 75 %) zwischen 15 und 30 % liegen, wenn ein Vollzeitäquivalent als Maßstab herangezogen wird.[89] Das Institut für RPA setzt die Kosten für einen Offshore-Arbeiter mit 38.000 $ im Jahr an. Die digitale Arbeitskraft wird mit etwa der Hälfte bis zu einem Drittel im Vergleich dazu beziffert.[90] Typische Probleme mit Offshore-Gesellschaften, zum Beispiel der Zeitzonenunterschied und Sprachbarrieren, lassen sich mit RPA ebenfalls vermeiden.[91]

Gegenüber herkömmlichen Programmierarbeiten im Rahmen eines BPMS-Projekts zur Automatisierung eines Prozesses hat die Firma Telefónica O2[92] eine mehr als drei Mal niedrigere Amortisierungszeit festgestellt, wenn derselbe Prozess mit RPA automatisiert wird.[93] Der Vorteil liegt darin, dass eine Automatisierung der Unternehmensprozesse ohne die Anpassung der Unternehmesssysteme und -

---

[86] Vgl. Blue Prism (2017), S. 15.
[87] Vgl. PPI AG (o.J.), S. 1.
[88] Vgl. Deloitte (2015), S. 7.
[89] Vgl. Tucci (2015), o.S.
[90] Vgl. Operational Agility Forum (o.J.), S. 1-4 sowie Institute For Robotic Process Automation (2016), S. 10.
[91] Vgl. Institute For Robotic Process Automation (2015), S. 13.
[92] Telefónica O2 ist ein Telekommunikationsunternehmen.
[93] Lacity/Willcocks/Craig (2015), S. 1-16.

rahmenbedingungen möglich ist.[94] Dadurch sind Umsetzungs-zeiten von Prozessautomatisierungen Innerhalb von wenigen Wochen erreichbar.[95] Weiterhin ist hervorzuheben, dass mit RPA im Vergleich zu BPMS keine neuen Applikationen geschaffen werden, weil ausschließlich bestehende Anwendungen genutzt werden. Außerdem ist der Testaufwand deutlich geringer, weil lediglich eine Überprüfung des Outputs notwendig ist und keine neuen Systeme getestet werden müssen.[96]

Bezugnehmend auf die Prozessqualität lässt sich hervorheben, dass Fehlerquoten durch das richtige Training des Roboters im Vergleich zur Personalkraft geringer ausfallen, weil RPA genauer arbeiten kann.[97] RPA selbst erfordert dafür eine hohe Disziplin für das Testen und Trainieren sowie die Anpassung an neue Gegebenheiten. Wird dies innerhalb einer Unternehmung professionell umgesetzt, lassen sich Prozessfehler dauerhaft eliminieren.[98] Wenn weniger Fehler gemacht werden und Prozesse durch Automatisierung effizienter abgewickelt werden können, wirken sich diese Vorteile auch positiv auf die Kundenbeziehung, -gewinnung und -erhaltung aus.[99] Das Kundenerlebnis lässt sich durch schlanke, schnelle und unkomplizierte Prozesse mit der Hilfe von RPA steigern.[100]

Zudem arbeiten Roboter schneller als Menschen und zeigen keine Ermüdungserscheinungen, sodass ein 24-Stunden-Einsatz an sieben Tagen in der Woche möglich ist.[101] Dies hat zur Folge, dass Prozessdurchlaufzeiten sinken und Mengenveränderungen leichter zu skalieren sind. Zudem ist es deutlich schwieriger, den Personalbestand an schwankende Prozessvolumina anzupassen.[102] Die Skalierung von Softwarelizenzen ist dementsprechend deutlich einfacher als die von Skalierung von Personal.[103] Unter Compliance-Gesichtspunkten lässt sich mit RPA die Einhaltung der Regulatorik und Vorgaben durch die Protokollierung der verrichteten Arbeit nachweisen.[104] Darüber hinaus erhöht sich die Transparenz der durchgeführten und laufenden Tätigkeiten durch die in der RPA Software

---

[94] Vgl. Institute For Robotic Process Automation (2015), S. 7.
[95] Vgl. PPI AG (o.J.), S. 1.
[96] Lacity/Willcocks/Craig (2015), S. 12.
[97] Vgl. PPI AG (o.J.), S. 1 sowie Allweyer (2016), S. 5 sowie IBM Corporation (2016), S. 1.
[98] Vgl. KPMG (2016), S. 10 sowie Institute For Robotic Process Automation (2015), S. 13.
[99] Vgl. Institute For Robotic Process Automation (2015), S. 13.
[100] Vgl. KPMG (2016), S. 10.
[101] Vgl. IBM Corporation (2016), S. 1 sowie Protiviti (2016), S. 2.
[102] Vgl. Allweyer (2016), S. 5 sowie KMPG (2016), S. 3.
[103] Vgl. Institute For Robotic Process Automation (2015), S. 14 sowie Protiviti (2016), S. 2.
[104] Vgl. Tucci (2016), o.S sowie PPI AG (o.J.), S. 1.

vorhandenen Monitoring-Möglichkeiten.[105] Der Vollständigkeit halber möchte der Verfasser darauf hinweisen, dass bei aller Automatisierung durch RPA eine neue Risikoklasse geschaffen wird.[106]

Durch den Einsatz der RPA Technologie werden nicht nur Personal eingespart und einfache Routineaufgaben weggenommen, sondern die Möglichkeit geschaffen, dass ein Mitarbeiter komplexere oder andere ertragsbringende Aufgaben übernehmen kann.[107] In Bezug auf die Perspektive der Beschäftigten ist Arbeitslosigkeit keine unmittelbare Konsequenz von RPA. Stattdessen verschieben sich Aufgabenschwerpunkte oder Mitarbeiter müssen unqualifiziert werden.[108] Das Institut für RPA beschreibt dabei RPA als den Weg in eine neue Welt, in der einfache und banale Aufgaben von der Maschine übernommen werden. Dabei vergleicht der Gründer des Instituts die Anfänge von RPA im Jahr 2015 mit der Erfindung des Internets im Jahr 1994 verglichen.[109]

Ein wesentlicher Vorteil von RPA liegt darin, dass das Unternehmen mit RPA in der Lage sind, Prozessoptimierungen unabhängig von IT-Releases durchzuführen. Zudem entfällt der aufwändige Austausch mit der IT bezüglich der Anforderungsspezifikation.[110] Ferner erzeugt ein Roboter Daten, die sich wiederum für Prozesse nutzen lassen, um weitere Optimierungsmöglichkeiten zu identifizieren.[111] Insgesamt lässt sich feststellen, dass primär Vorteile bei den Faktoren Genauigkeit, Qualität und Geschwindigkeit im Rahmen von RPA hervorgehoben werden.[112]

2.4 Eigenschaften von Prozessen für die Automatisierung mit RPA

Insbesondere Prozesse mit den nachfolgenden Charakteristiken sind geeignet für die Automatisierung mit einer RPA Anwendung. Zum einen kommen „strukturierte, stark standardisierte Back Office- und Middle Office-Prozesse mit hohem Prozessvolumen"[113] in Frage. Zudem ist es fördernd, wenn mehrere komplexe sowie

---

[105] Vgl. Allweyer (2016), S. 5.
[106] Vgl. Tucci (2016), o.S.
[107] Vgl. Jee (2016), o.S sowie Accenture (2016a), S. 11.
[108] Vgl. Institute For Robotic Process Automation (2015), S. 3.
[109] Vgl. Institute For Robotic Process Automation (2015), S. 2.
[110] Vgl. Allweyer (2016), S. 6.
[111] Vgl. Institute For Robotic Process Automation (2015), S. 11.
[112] Vgl. KPMG (2016), S. 7ff.
[113] Allweyer (2016), S 4.

nicht integrierte Benutzersysteme in einem Prozess genutzt werden.[114] Das liegt daran, dass die Prozessgeschwindigkeit mit einer höheren Anzahl von zu bedienenden Systemen abnimmt, wenn ein Mensch den Prozess durchführen würde. RPA hingegen kann zwischen den vielen Unternehmensapplikationen schnell und einfach wechseln.[115]

Es ist hilfreich, wenn die Prozessaktivitäten nach wiederholbarem einfachem Muster ablaufen, sodass ein regelbasierter Ablauf erkennbar ist.[116] Diese Informationen lassen sich idealerweise aus bereits vorliegenden Prozessbeschreibungen oder anderen internen Unternehmensquellen entnehmen, sodass eine Informationsgrundlage für die RPA Entwicklung schon vorliegt. Besonders gut geeignete Kandidaten bilden dabei Prozesse, in denen Aktivitäten wie die Beurteilung von Sachverhalten, Schreiben und Kommunikation integraler Bestandteil sind.[117]

Weitere mustergültige Aufgaben, die RPA besonders gut erfüllen kann, beziehen sich auf den Umgang mit Daten, insbesondere die Datensuche, -samm-lung, -zusammenfassung und -aktualisierung bzw. das Treffen von Entscheidungen auf Basis der vorliegenden Konstellationen.[118] Außerdem kann Prozessen mit manueller Datenübertragung eine RPA Eignung zugesprochen werden.[119] Der Roboter kann damit Arbeiten von der einfachen Dateneingabe über die Abwicklung von Bestellungen und der Eröffnung eines Online-Zugangs bis hin zu Prozessen, bei denen sehr viele unterschiedliche Systeme bedient werden müssen, verrichten.[120] Als Voraussetzung ist dafür zu nennen, dass strukturierte Daten bereits in den existierenden IT-Systemen zur Verfügung stehen oder Daten aus potenziellen Datenquellen durch minimale Anpassungen verfügbar gemacht werden können.[121]

In der Computerwoche, einer Fachzeitschrift für IT-Manager wird thematisiert, dass in erster Linie Prozesse, die derzeit im Rahmen von BPO ausgelagert sind, sehr stark

---

[114] Vgl. Sutner (2016), o.S. sowie Tucci (2016), o.S.
[115] Vgl. Blue Prism (o.J. b), S. 5.
[116] Vgl. Allweyer (2016), S. 4.
[117] Vgl. Protiviti (2016), S. 5.
[118] Vgl. Lacity/Willcocks (2015), o.S. sowie Sutner (2016), o.S. sowie Tucci (2016), o.S.
[119] Vgl. Lacity/Willcocks (2015), o.S. sowie Allweyer (2016), S. 4.
[120] Vgl. Institute For Robotic Process Automaton (2015), S. 14.
[121] Vgl. Protiviti (2016), S. 5.

standardisiert sind. Die Automatisierung mit Hilfe von RPA ermöglicht einen Vergleich des Einsparpotenzials auf Basis der zu zahlenden Lohnkosten für die Auslagerung. Daher ist eine Überprüfung der BPO-Prozesse in Hinblick auf eigene Automatisierungsmöglichkeiten mit RPA sinnvoll.[122]

Rod Dunlap, einer der Pioniere auf dem Themengebiet BPM, gibt an, dass bereits Prozesse, bei denen zwei bis drei Menschen die gleichen sich wiederholenden Aufgaben erledigen, von RPA Robotern erledigt werden können.[123] Deswegen sind ressourcenbindende Prozesse potenzielle Kandidaten für eine Automatisierung.[124] KPMG nimmt ebenfalls die Haltung ein, dass arbeitsintensive, repetitive und regelbasierte Prozesse besonders geeignet für RPA sind. Solche Prozesse sind vor allem dort anzutreffen, wo eine hohe Anzahl von geringer qualifizierten Arbeitskräften notwendig ist.[125] Das heißt, dass sich in erster Linie Prozesse, die nach eindeutigen Regeln ablaufen und eine klare Struktur aufweisen, besonders geeignet für RPA sind.[126] IBM unterstützt diesen Ansatz und fügt die Komponente hinzu, dass Prozesse, bei denen der Umgang mit einer hohen Anzahl von strukturierten Daten erforderlich ist, eine RPA Automatisierungsmöglichkeit aufweisen.[127]

---

[122] Vgl. von Geyr (2015), o.S.
[123] Vgl. Sutner (2016), o.S. sowie Dunlap (2016), o.S.
[124] Vgl. Protiviti (2016), S. 5.
[125] Vgl. KPMG (2016), S. 10.
[126] Vgl. Allweyer (2016), S. 2.
[127] Vgl. IBM Corporation (2016), S. 1.

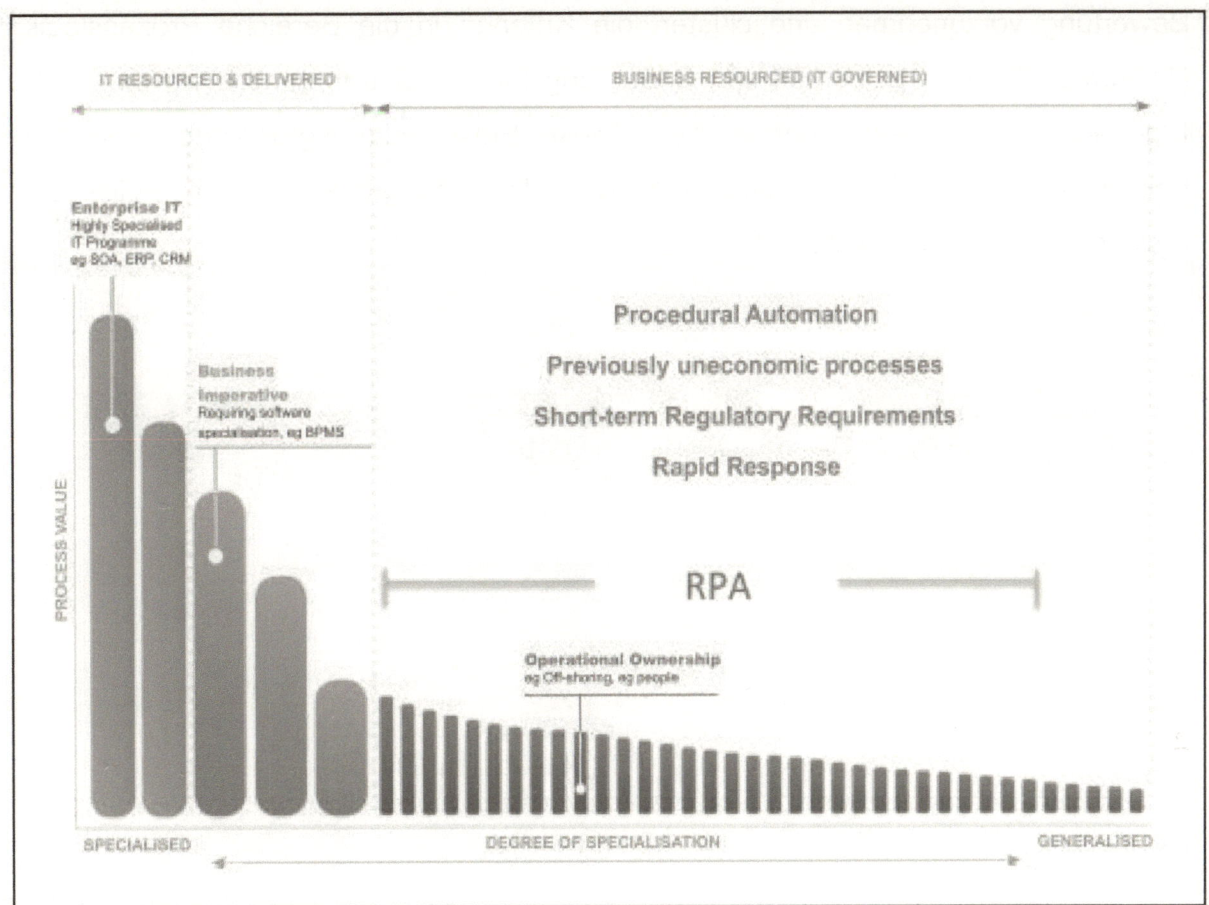

Abbildung 5: BPMS vs. RPA[128]

Die Grafik zeigt, dass ein RPA Roboter nicht in sehr spezialisierte Themen agieren sollte. Stattdessen soll der Fokus eher auf Prozessen, die generalisiert werden können, gesetzt werden. Das hängt auch damit zusammen, dass RPA genauere Anweisungen als ein Mensch benötigt, um den Prozess erfolgreich zu durchlaufen.[129] Weiterhin ist es ideal, wenn ein Prozess dauerhaft stattfindet und kein einmaliges oder nur selten vorkommendes Ereignis ist.[130] Andersherum lassen sich mit RPA aber auch saisonal bedingte Peaks abfangen.[131]

Die unterschiedlichen Kriterien, die für die Erkennung einer RPA Eignung relevant sind, lassen sich für einen Prozess jeweils bewerten, um ein Prozessranking aufzustellen.[132] Protiviti[133] führt dabei einen strukturierten Ansatz auf, um eine solche

---

[128] Lacity/Willcocks/Craig (2015), S. 12.
[129] Vgl Lacity/Willcocks/Craig (2015), S. 12-13.
[130] Vgl. Protiviti (2016), S. 5.
[131] Vgl. Blue Prism (2017), S. 12.
[132] Vgl. Protiviti (2016), S. 5.
[133] Protiviti ist ein globales Beratungsunternehmen, u.a. mit Expertise in den Bereichen Corporate und IT Governance, unternehmensweites Risikomanagement, Finanzen und Transaktionen sowie Interne Revision.

Bewertung vorzunehmen und clustert die Kriterien in die Bereiche Prozesslogik, Reifegrad, Datenverfügbarkeit und Bedeutung für das Unternehmen, um eine RPA Eignung von Prozessen darzustellen. Diese Entscheidungsgrundlage lässt sich beispielhaft für den Prozess steuerliche Konsolidierung grafisch, wie im Folgenden ersichtlich, einfach darstellen.[134]

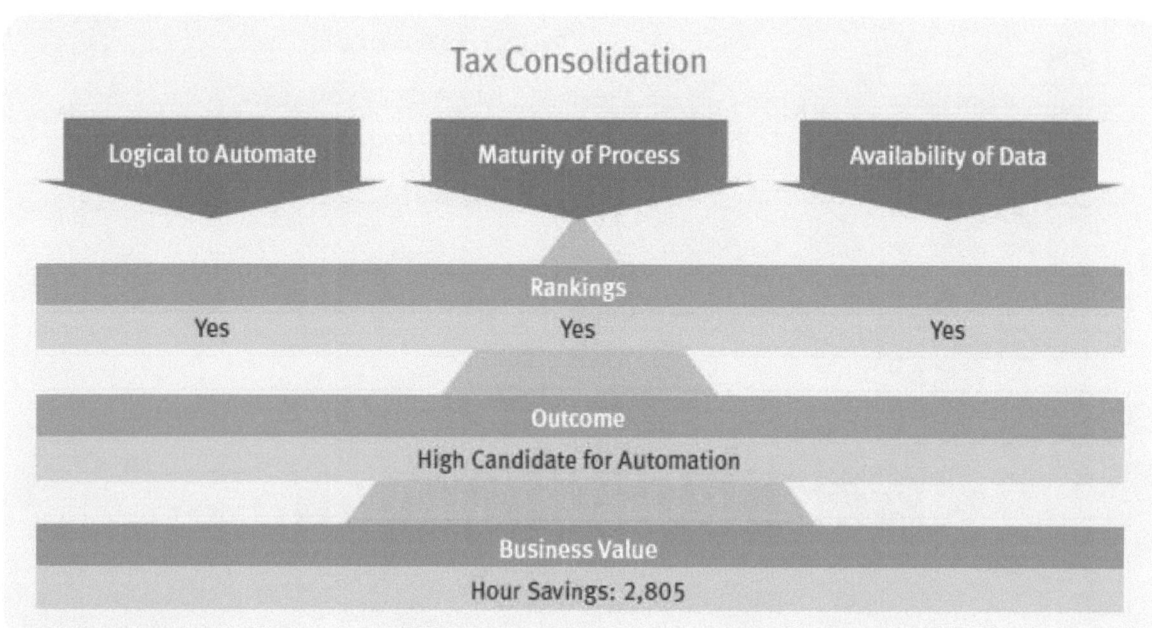

Abbildung 6: Beispielhaftes Bewertungsraster für RPA[135]

Anwendungsgebiete für Robotics gibt es dem Institut für RPA zufolge genügend und nennt dazu beispielhaft die Erstellung von Kundenkorrespondenz, Zahlungsverkehr-Prozesse, die Eröffnung eines Kundenkontos, die Prüfung bzw. Freigabe von Kundenaufträgen oder Transaktionen und weitere Prozesse, die mehrstufig über mehrere Systeme hinweg ablaufen.[136] Im nachfolgenden Kapitel sollen konkrete Anwendungsszenarien aus unterschiedlichen Branchen aufgezeigt werden.

2.5 Anwendungsszenarien und Praxisbezug von RPA

Auf der Suche nach Prozessen, welche sich mit RPA automatisieren lassen, lassen sich aus nahezu jeder Branche Beispiele nennen.[137] Sobald sich wiederholende Aufgaben identifizieren lassen, kann RPA effektiv eingesetzt werden.[138] Diese Intelligenz kann dabei helfen, Prozesse schneller zu machen und in Echtzeit zu erledigen. Als Anwendungsfall lässt sich die Kreditwürdigkeitsprüfung aufführen, die

---

[134] Vgl. Protiviti (2016), S. 5-6.
[135] Protiviti (2016), S. 6.
[136] Vg. Institute For Robotic Process Automation (2015), S. 15-16.
[137] Vgl. Allweyer (2016), S. 4.
[138] Vgl. Protiviti (2016), S. 4.

laut KPMG durch intelligente Mechanismen zukünftig in Sekundenschnelle durchgeführt werden kann. Dadurch profitiert ein Unternehmen nicht nur in Bezug auf Effizienz und Kosten, sondern kann vielmehr den Fokus auf die Stärkung von Kundenbeziehungen erhöhen, weil Freiräume von Personalkapazitäten geschaffen werden.[139] Dies lässt sich durch ein weiteres Beispiel aufzeigen. Mithilfe von RPA ist eine Bank in Großbritannien in der Lage gewesen, 2.500 hoch sensible Bankkonten, die vorher durch einen Menschen täglich überprüft werden mussten, automatisch zu überprüfen. Im Ergebnis hat die Bank sowohl eine Verbesserung in den Punkten Genauigkeit und Effizienz als auch eine Prozesskostenreduzierung in Höhe von 80 Prozent erzielt. Die Mitarbeiter, welche diesen Prozess nicht mehr ausführen, werden stattdessen für die individuelle Kundenbetreuung eingesetzt.[140]

Ein anderes Anwendungsszenario bezieht sich auf das Lesen eines Formulars durch den Softwareroboter, der die Stammdaten des Kunden aufruft und dann trainierte Prozessschritte, zum Beispiel die Einrichtung eines Dispositionskredites, durchführt, sodass der Kunde seine angeforderte Dienstleistung schneller erhält.[141] Aus der Finanzdienstleistungsbranche lässt sich auch eine Vergabe von Hypotheken beispielhaft aufführen.[142] In einem Krankenhaus ist RPA dazu verwendet worden, die Effizienz für den Registrierungsprozess von Patienten zu steigern.[143] Arvato, die Blue Prism als RPA Software einsetzt, hat mit dem ersten Piloten Synergien von zwei FTE erzielen können und die Prozesszeit um 80 % reduzieren können.[144]

Die Firma Telefónica O2 hat bereits im Jahr 2015 15 Kernprozesse automatisiert und führt damit bis zu eine halbe Millionen Transaktionen mit mehr als 150 Robotern durch, sodass insgesamt 100 FTE eingespart werden konnten. Zudem ist es gelungen, die Investitionen innerhalb von einem Jahr zu kompensieren und einen Return on Investment von mindestens 650 % in drei Jahren zu generieren.[145] Die Auswirkungen bei npower[146], die ebenfalls Blue Prism einsetzen, lassen sich wie folgt zusammenfassen. Es sind 17 Prozesse mit zehn Robotern im Einsatz, wodurch

---

[139] Vgl. KPMG (2017), o.S.
[140] Vgl. Institute For Robotic Process Automation (2016), S 7.
[141] Vgl. PPI AG (o.J.), S. 2.
[142] Vgl. Allweyer (2010), S. 4.
[143] Vgl. Institute For Robotic Process Automation (2016), S 17-18.
[144] Vgl. Arvato (o.J.), S. 3-4.
[145] Vgl. Lardy/Willcocks/Craig (2015), S 4
[146] npower ist ein Elektrizitäts- und Erdgasversorger im Innogy-Konzern in Großbritannien.

eine Einsparung von 40 FTE sowie eine Prozesszeitenverkürzung von mehr als die Hälfte im Vergleich zum manuellen Prozess möglich gewesen sind.[147] Das Unternehmen Shop Direct[148] nutzt Blue Prism dazu, die wichtigsten Back Office-Prozesse zu automatisieren und ist damit unter anderem in der Lage gewesen, FTE in signifikanter Größe einzusparen, genauere Prozessergebnisse zu erhalten sowie unabhängiger von der ausgelasteten IT zu werden.[149] Zusammenfassend lässt sich feststellen, dass RPA branchenübergreifend zur Automatisierung von Back Office-Prozessen genutzt werden kann.[150]

2.6 Theoretischer Bezugsrahmen der Kriterienentwicklung von RPA

2.6.1 Theoretische Perspektiven

Aus theoretischer Sicht ist die Resolutionsmethode von Robinson aus dem Jahr 1965, mit der logische Schlüsse im Rahmen eines Widerlegungsverfahrens getroffen werden können, ebenfalls von Bedeutung. Es wird mittels Negation der Beweis erbracht, dass ein Widerspruch vorliegt, sodass im Umkehrschluss der logische Schluss allgemeingültig ist.[151] Diese Logik lässt sich auf Software, die KI nutzt, übertragen, weil KI in der Lage ist, logische Entscheidungen zu treffen, welche effizienter als menschliche Beschlüsse sind.[152] Bereits 1955 hat John McCarthy, der als Vorreiter der KI zu sehen ist, das Ziel von KI darin gesehen, Maschinen so zu programmieren, dass deren Verhalten intelligent ist.[153] In der Enzyklopädie Brittanica aus dem Jahr 1991 lässt sich eine Erweiterung der Definition, erkennen bei der KI als Fähigkeit von Robotern beschrieben wird, Aufgabenstellungen zu lösen, die eigentlich von intellektuellen Menschen durchgeführt werden.[154] Diese Definition ist allerdings nach Rich um eine Lernkomponente zu erweitern, sodass die Software trainiert werden muss, um Arbeitspakete zu übernehmen, die Menschen derzeit besser erledigen.[155] An dieser Stelle ist allerdings hervorzuheben, dass KI nicht die reine Implementierung von intelligenten Mechanismen, sondern auch das maschinelle Lernen einen besonderen Fokus im Rahmen von KI hat.[156] So

---

[147] Vgl. Blue Prism (o.J. b), S. 9 sowie O'Brien (2017), S. 1-5.
[148] Shop Direct ist ein Online Händler aus Großbritannien.
[149] Vgl. Blue Prism (o.J. c), S. 1-4.
[150] Vgl. Allweyer (2016), S. 5.
[151] Vgl. Stachniak (1996), S.23ff.
[152] Vgl. Mainzer (2016), S.17.
[153] Vgl. Ertel (2016), S. 1.
[154] Vgl. Encyclopedia Britannica (1991), o.S.
[155] Vgl. Desouza (2002), S. 29.
[156] Vgl. Ertel (2016), S. 3.

beschreibt Ertel diesen maschinellen Lernprozess als die „Aufgabe, aus einer Menge von Daten einen Funktion zu generieren"[157]. Dabei benötigt das intelligente System oder der virtuelle Agent Trainingsdaten, um die Funktionen zu lernen.[158] Nach ca. 60 Jahren ist das Thema KI bei den Unternehmen allgegenwärtig und wird zukünftig erfolgsrelevant bleiben.[159]

2.6.2 Themenabgrenzung

Definitorisch wird die Abfolge von verschiedenen Schritten und Sequenzen mit einer beliebigen Anzahl von Folgeereignissen, die nacheinander oder parallel ablaufen können, und an dessen Ende ein Ergebnis steht, als Workflow angesehen.[160] Dabei sollen in einem Workflow alle Beziehungen und Varianten abgebildet werden, indem eine Berücksichtigung von allen Prozess-Optionen und Möglichkeiten stattfindet.[161] Diesen Workflows, also die Abwicklung der Geschäftsprozesse, die entweder vom Kunden angestoßen werden, indem er sich mit einem Anliegen an das Unternehmen wendet oder aus bestimmten Vertragskonstellationen resultieren, liegt heute schon eine in Regelwerken niedergeschriebene Abarbeitungslogik zu Grunde. Die Back Office- und Kundenserviceprozesse sollen automatisiert werden und in kürzester Zeit ablaufen. Das Ziel liegt darin, dass entlang der Prozesskette die menschliche Komponente nicht notwendig ist, um das Anliegen final zu bearbeiten, sodass Eingaben in CRM-Systemen automatisch ausgeführt werden und ein Output, wie beispielsweise eine Bestätigung an den Kunden, automatisch erzeugt wird. Um einen Workflow darzustellen, lässt sich ein Entscheidungsbaum als Struktur nutzen. „Ein Entscheidungsbaum ist ein Baum, dessen innere Knoten Merkmale (Attribute) repräsentieren. Jede Kante steht für einen Attributwert. An jedem Blattknoten ist ein Klassenwert angegeben."[162] Kanten verbinden die Knoten miteinander bzw. Knoten mit Blätter. Außerdem klassifizieren die Blätter die Entscheidungsmöglichkeit der Zielvariablen.[163] Dabei lässt sich darstellen, wie Inputdaten aufgenommen werden, wie die Inhalte anhand von Kriterien geprüft und klassifiziert werden und welche Entscheidungen im Endeffekt in einem Prozess getroffen werden.[164] Sofern die

---

[157] Ertel (2016), S. 160.
[158] Vgl. Ertel (2016), S. 193-195.
[159] Vgl. Ertel (2016), S. V.
[160] Vgl. Mende/Herrmann (2000), S. 62.
[161] Vgl. Mende (2012), S. 14.
[162] Ertel (2016), S. 217.
[163] Vgl. Hilpert (2014), S. 12 sowie Anhang 4, S. A4.
[164] Vgl. Hararch (2014), S. 52 sowie Herrmann (1997), S. 52.

richtige Struktur der Verzweigungen oder Verknüpfungen gewählt wird, ist der erste Schritte zur Intelligenz bereits getan.[165]

RPA setzt genau dort an und kann den definierten Workflow bzw. Prozess leisten und die enthaltenen Teilschritte übernehmen. Gleichzeitig ist aber anzumerken, dass RPA nur das leisten kann, was als Regeln definiert ist.[166] Auf neue unbekannte Konstellationen kann ein Roboter nicht optimal reagieren. Deshalb ist RPA als Vorstufe von Kognition und KI zu sehen, bei welcher im Gegensatz zu RPA auch unstrukturierte Daten, zum Beispiel in Textform, verstanden und zur Automatisierung genutzt werden können.[167] Kognitive Systeme werden im Gegensatz zu RPA in ihrer Wahrnehmung, Vorhersehung und ihren Schlussfolgerungen trainiert, wobei RPA Training eine Programmierung ohne IT-Kennt-nisse auf Basis von Regeln darstellt.[168]

RPA dient dazu, eine Geschäftsprozessautomatisierung umzusetzen. Dafür ist es notwendig, die richtigen Prozesse auszuwählen. Daher gilt es im ersten Schritt, Prozesse zu identifizieren, die für eine Geschäftsprozessautomatisierung geeignet sind. Die Identifikation kann mit Hilfe von Bewertungsrastern stattfinden. Deswegen ist es zunächst wichtig, Kriterien zu entwickeln, die sich für die RPA Software eignen. Um eine finale Prozessauswahl zu treffen, ist ebenfalls eine Kriteriengewichtung notwendig, sodass eine Priorisierung und Prozessauswahl erfolgen kann. Zudem ist zu ergänzen, dass Blue Prism als Software zusätzliche Anforderungen an die zu entwickelnden Kriterien stellen wird, da die Software einen gewissen Rahmen und Spielraum vorgibt (Vgl. Kap. 2.2.3).

Weiterhin kann das Dokumentenmanagement eine wichtige Rolle spielen. Die Informationen bzw. relevanten Daten müssen vom DMS aus den Kundenschreiben ausgelesen werden[169] und dem Roboter zur Verfügung gestellt werden, sodass dieser seine definierten Aktivitäten durchführen kann. Dies kann beispielsweise unter der Nutzung einer OCR-Software, welche in der Lage ist, Texterkennungsverfahren für Maschinen- und Handschriften einzusetzen, geschehen.[170] Alternativ kann der

---

[165] Vgl. Hilpert (2014), S. 43.
[166] Vgl. Marketing Resultant GmbH (2016), S. 74.
[167] Vgl. Anhang 3, S. A3 sowie Marketing Resultant GmbH (2016), S. 74.
[168] Vgl. Institute For Robotic Process Automation (2015), S. 22 sowie
Lacity/Willcocks (2016), S. 43.
[169] Vgl. Sorg/Bartonitz/Windisch (2009), S. 104.
[170] Vgl. Kaiser (2009), S. 158 sowie Limper (2001), S. 73.

Input auch aus anderen Quellen, beispielsweise Auswertungen, zur Verfügung gestellt werden.[171]

Aus den zuvor dargestellten Inhalten und der Eingrenzung des Themas lässt sich ein theoretischer Bezugsrahmen visuell wie folgt darstellen:

---

[171] Vgl. Almato GmbH (2017), o.S.

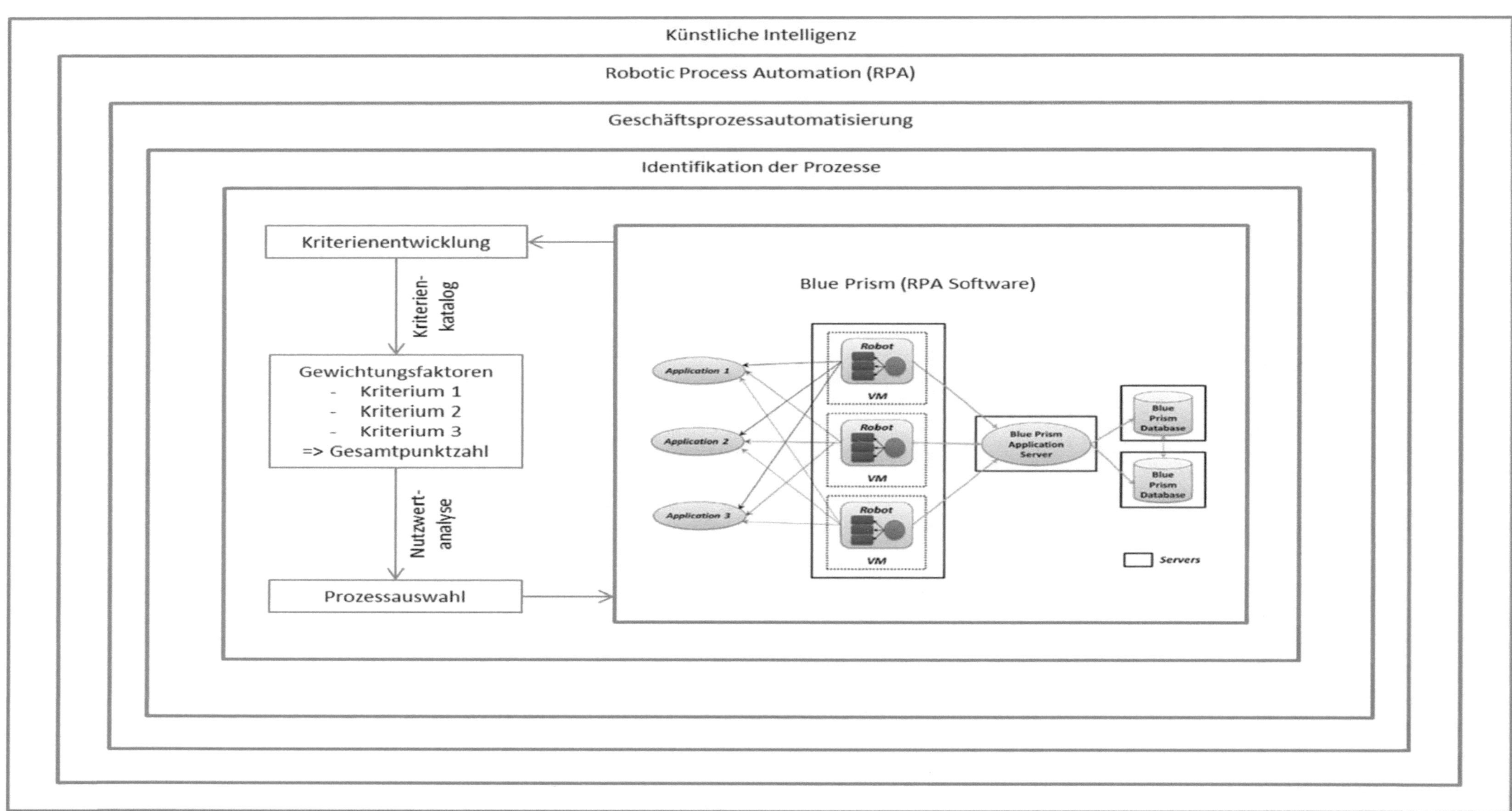

Abbildung 7: eigene Darstellung des theoretischen Bezugsrahmens in Anlehnung an die dargestellten Inhalte

3 Schlussteil

Weil KI und Robotics ein zukunftsweisende Themen sind, müssen Prozesse systematisch identifiziert und Potenziale von RPA sinnvoll genutzt werden können, damit geeignete Prozesse ohne den Einsatz personeller Ressourcen automatisiert ablaufen. Der Forscher wird das Ergebnis im weiteren Sinne dazu verwenden, die Zukunftsfähigkeit des Unternehmens nachhaltig zu stärken, indem die richtigen Prozesse für eine Automatisierung mit RPA ausgewählt werden können. In Zukunft wird es nötig sein, Prozesse intelligent, automatisiert, ressourcenschonend und effizient abzuwickeln, um wettbewerbsfähig zu bleiben.

Durch wachsende regulatorische Anforderungen sowie sich stetig ändernden Rahmenbedingungen steht ein Finanzdienstleistungsunternehmen auf der einen Seite vor Herausforderungen. Auf der anderen Seite bieten neue Technologien Chancen sich stetig in den Servicebereichen zu verbessern. Künstliche Intelligenz bzw. Kognition werden die nächsten Themen sein, mit denen sich die Unternehmen über alle Branchen hinweg in den nächsten Jahren auseinandersetzen müssen. Auch hier wird es wichtig sein, die richtigen Unternehmensprozesse auszuwählen. Deswegen ist es von hoher Bedeutung, sich rechtzeitig damit zu beschäftigen, um die Zukunftsfähigkeit des Unternehmens sicherzustellen.

4 Quellenverzeichnis

Accenture (2015)

Accenture Technology Vision for Banking 2015 - Digital Banking: Stretch Your Boundaries Toward the Everyday Bank,
http://bankingblog.accenture.com/wp-content/uploads/2015/06/1506_PDF_Accenture_Banking_TechVision2015.pdf,
Stand: 25.02.2018.

Accenture (2016a)

Accenture Technology Vision für Banken 2016: Das Wichtigste im Überblick,
https://www.accenture.com/t00010101T000000__w__/de-de/_acnmedia/PDF-36/Accenture-TechVision-fur-Banken-2016-German.pdf,
Stand: 25.02.2018.

Accenture (2016b)

Digitalisierung des Finanzsektors in Deutschland: Von der Strategie zum nachhaltigen Geschäft - Accenture Financial Services Digital Readiness Report,
https://www.accenture.com/t00010101T000000__w__/de-de/_acnmedia/PDF-33/Accenture-Deutschland-Financial-Services-Digital-Readiness.pdf,
Stand: 25.02.2018.

Aite Group LCC (2015)

Innovation in Capital Markets: Not Just a Dog and Pony Show,
https://www.aitegroup.com/report/innovation-capital-markets-not-just-dog-and-pony-show,
Stand: 25.02.2018.

Allweyer, T. (2016)

Robotic Process Automation – Neue Perspektiven für die Prozessautomatisierung,
https://www.kurze-prozesse.de/blog/wp-content/uploads/2016/11/Neue-Perspektiven-durch-Robotic-Process-Automation.pdf,
Stand: 25.02.2018.

Almato GmbH (2017)

Robotic Process Automation: Den richtigen Prozess finden,

https://almato.de/news/blog/trend-details/robotic-process-automation-den-richtigen-

prozess-finden/,

Stand: 25.02.2018.

Ambacher, N. / Knapp, D. / Jánszky, S. G. (2014)

Versicherungen 2020: Kunden, Makler, Changeprozesse,

https://www.5-sterne-redner.de/fileadmin/media/download/pdf/Trendanalysen_SGJ/

Janszky_Trendstudie_Versicherungen_2020.pdf,

Stand: 25.02.2018.

Arvato (o.J.)

Case Study,

https://www.arvato.com/content/dam/arvato/documents/Customer%20Solutions/arvat

o_UK_new_RPA_case_study.pdf,

Stand: 25.02.2018.

BITKOM (2012)

Big Data im Praxiseinsatz - Szenarien, Beispiele, Effekte,

https://www.bitkom.org/noindex/Publikationen/2012/Leitfaden/Leitfaden-Big-Data-im-

Praxiseinsatz-Szenarien-Beispiele-Effekte/BITKOM-LF-big-data-2012-online1.pdf,

Stand: 25.02.2018.

Blue Prism (o.J. a)

Compliance and non-repudiation for finanicla services organizations,

https://www.blueprism.com/wpapers/compliance-non-repudiation-financial-services-

organizations,

Stand: 25.02.2018.

Blue Prism (o.J. b)

npower Business Solutions Case Study: npower expands Digital Workforce to over 330 Blue Prism Software Robots,

https://www.blueprism.com/cstudies/npower-expands-digital-workforce-330-blue-prism-software-robots,

Stand: 25.02.2018.

Blue Prism (o.J. c)

Shop Direct Group – Blue Prism Software provides "self service" robotic automation capability,

https://www.blueprism.com/cstudies/shop-direct-group-blue-prism-software-provides-self-service-robotic-automation-capability,

Stand: 25.02.2018.

Blue Prism (2017)

Blue Prism product overview,

https://www.blueprism.com/wpapers/blue-prism-product-overview-2,

Stand: 25.02.2018.

Burgmaier, S. / Hüthig, S. (2015)

Bankmagazin Jahrgang 2011: Für Führungskräfte der Finanzwirtschaft, Gabler Verlag.

Chappell, D. (2017)

Introducing Blue Prim: Robotic Process Automation for the Enterprise,

http://www.davidchappell.com/writing/white_papers/Introducing_Blue_Prism_v2--Chappell.pdf,

Stand: 25.02.2018.

Christ, J. P. (2015)

Intelligentes Prozessmanagement: Marktanteile ausbauen, Qualität steigern, Kosten reduzieren, Gabler Verlag.

Dapp, T. F. / Heine, V. (2014)

Big Data: Die ungezähmte Macht, Veröffentlichungsreihe „Aktuelle Themen - Digitale Ökonomie und struktureller Wandel", Deutsche Bank Research, https://www.dbresearch.de/PROD/DBR_INTERNET_DE-PROD/PROD0000000000328652.pdf, Stand: 25.02.2018.

Deloitte (2013)

The digital transformation of customer services: Our point of view, https://www2.deloitte.com/content/dam/Deloitte/nl/Documents/consumer-business/deloitte-nl-the-digital-transformation-of-customer-services.pdf, Stand: 25.02.2018.

Deloitte (2015)

The robots are coming: A Deloitte Insight Report, https://www2.deloitte.com/content/dam/Deloitte/uk/Documents/finance/deloitte-uk-finance-robots-are-coming.pdf, Stand: 25.02.2018.

Desouza, K. C. (2002)

Managing Knowledge with Artificial Intelligence, Quorum Books.

Dunlap, R. (2016)

Robotic Process Automation: Leveraging Robots in the Enterprise, https://www.networkcomputing.com/data-centers/robotic-process-automation-leveraging-robots-enterprise/769471418, Stand: 25.02.2018.

Encyclopedia Britannica (1991)

Encyclopedia Britannica, 15. Auflage,   Encyclopaedia Britannica Verlag.

Ertel, W. (2016)

Grundkurs Künstliche Intelligenz: eine praxisorientierte Einführung, 4. überarbeitete Auflage, Springer Vieweg.

Expertenkommission Forschung und Innovation (2016)

Gutachten zur Forschung, Innovation und Technologischer Leistungsfähigkeit Deutschlands: Gutachten 2016,
https://www.e-fi.de/fileadmin/Gutachten_2016/EFI_Gutachten_2016.pdf,
Stand: 25.02.2018.

Fasel, D. / Meier, A. (2016)

Was versteht man unter Big Data und NoSQL (S. 3-16) in: Fasel, D. / Meier, A. (2016) [Hrsg.]: Big Data: Grundlagen, Systeme und Nutzungspotenziale, Springer Vieweg.

Frießem, M. R. (2014)

Multikriterielle, kausalanalytische Betrachtung von Erfolgstreibern technologischer Frühaufklärung in industriellen Unternehmensnetzwerken, Gabler Verlag.

Hararch, S. (2014)

Neugierige Strukturvorschläge im maschinellen Lernen: eine technikphilosophische Verortung, Transcript Verlag.

Herrmann, J. (1997)

Maschinelles Lernen und Wissensbasierte Systeme, Springer-Verlag.

Hilpert, K. (2014)

Einsatz maschineller Lernverfahren im Decision Support von Wertschöpfungsnetzwerken.

Hölzle, K. / Schoder, T. / Spiri, N. / Götz, V. (2017)

Big Data und technologiegetriebene Geschäftsmodellinnovation (S. 355-374) in: Schallmo, D. / Rusnjak, A. / Anzengruber, J. / Werani, T. / Jünger, M. (2017) [Hrsg.]: Digitale Transformation von Geschäftsmodellen: Grundlagen, Instrumente und Best Practices, Gabler Verlag.

IBM Corporation (2016)

Robotic Process Automation: Leading with robotics and automation in a fast-paced, digitally disruptive environment,

https://www-935.ibm.com/services/multimedia/dl_17119_rpa_flyer_04.pdf,

Stand: 25.02.2018.

Institute For Robotic Process Automation (2015)

Introduction to Robotic Process Automation: A Primer,

https://irpaai.com//wp-content/uploads/2015/05/Robotic-Process-Automation-June2015.pdf,

Stand: 25.02.2018.

Jee, C. (2016)

Technology is not about to steal your job - here's why,

https://www.techworld.com/careers/technology-is-not-about-steal-your-job-3634370/,

Stand: 25.02.2018.

Kaiser, G. (2009)

Dokumentenlogistik als Erfolgsfaktor in deutschen Banken: Konzeption - Erfolgswirkung – Implikationen, Gabler Verlag.

KPMG (2016)

Rise of the Robots: Robotic process automation can cut costs for financial services firms by up to 75 percent,

https://assets.kpmg.com/content/dam/kpmg/pdf/2016/06/rise-of-the-robots.pdf,

Stand: 25.02.2018.

KPMG (2017)

Künstliche Intelligenz: Der Menschenkenner kommt,

https://klardenker.kpmg.de/verstehen/aktuell/kuenstliche-intelligenz-der-menschenkenner-kommt/,

Stand: 25.02.2018.

Lacity, M. / Willcocks, L. / Craig, A. (2015)

Robotic Process Automation at Telefónica O2,

http://eprints.lse.ac.uk/64516/1/OUWRPS_15_02_published.pdf,

Stand: 25.02.2018.

Lacity, M. / Willcocks, L. (2015)

What Knowledge Workers Stand to Gain from Automation,

https://hbr.org/2015/06/what-knowledge-workers-stand-to-gain-from-automation,

Stand: 25.02.2018.

Lacity, M. / Willcocks, L. (2016)

MIT Sloan Management Review: A New Approach to Automating Services,

https://www.blueprism.com/wpapers/new-approach-automating-services,

Stand: 25.02.2018.

Limper, W. (2001)

Dokumenten-Management: Wissen, Informationen und Medien digital verwalten,
Deutscher Taschenbuch Verlag.

Lünedonk GmbH (2012)

Zukunft der Banken 2020 – Trends, Technologien, Geschäftsmodelle.
http://luenendonk-shop.de/out/pictures/0/lue_bankenstudie_f221012_fl.pdf,
Stand: 25.02.2018.

Mainzer, K. (2016)

Künstliche Intelligenz – Wann übernehmen die Maschinen?, Technik im Fokus,
Springer-Verlag.

Marketing Resultant GmbH (2016)

Die digitale Zukunft des Kundenservice: Top-Experten beleuchten die Entwicklung
des digitalen Kundenservice und zeigen Ihnen Lösungen für Ihr Contact Center,
http://marketing-resultant.de/wp-content/uploads/Zukunft-
Digitaler_Kundenservice_2016_eBook.pdf,
Stand: 25.02.2018.

McKinsey & Company (2016a)

The age of analytics: Competing in a data-driven world,

https://www.mckinsey.de/files/the-age-of-analytics-full-report.pdf,

Stand: 25.02.2018.

McKinsey & Company (2016b)

The next acronym you need to know about: RPA (robotic process automation),

https://www.mckinsey.com/business-functions/digital-mckinsey/our-insights/the-next-acronym-you-need-to-know-about-rpa,

Stand: 25.02.2018.

McKinsey & Company (2017)

Smartening up with Artificial Intelligence (AI): What's in it for Germany and its Industrial Sector?

https://www.mckinsey.de/files/170419_mckinsey_ki_final_m.pdf,

Stand: 25.02.2018.

Mende, U. (2012)

Moderne Workflow-Programmierung mit ABAP Objects: Handbuch für Entwickler, Dpunkt Verlag.

Mende, U. / Berthold, A. (2000)

SAP Business Workflow: Konzept, Entwicklung, Anwendung, 2. aktualisierte Auflage, Addison-Wesley Verlag.

Niebisch, T. (2013)

Anforderungsmanagement in sieben Tagen: Der Weg vom Wunsch zur Konzeption, Gabler Verlag.

O'Brien, J. (2017)

Business Process Views: Robotics Process Automation: end user insights in retail banking and energy (npower),

https://www.techmarketview.com/research/archive/2017/04/11/robotic-process-automation-end-user-insights-in-retail-banking-and-energy,

Stand: 25.02.2018.

Operational Agility Forum (o.J.)

A white paper produced for the Operational Agility Forum: Robotic Automation – What next for BPO's?,

http://virtual-operations.com/wp-content/uploads/2013/02/robotic_automation_-_what_next_for_bpos.pdf,

Stand: 25.02.2018.

PPI AG (o.J.)

Robotic Process Automation (RPA) bei Finanzdienstleistern,

https://www.ppi.de/fileadmin/user_upload/Consulting_Banken/Publikationen/PPI_RPA.pdf,

Stand: 25.02.2018.

Protiviti (2016)

Looking Deeper into Robotic Automation: Considerations and case studies for robotic process and desktop automation,

https://www.protiviti.com/sites/default/files/united_states/insights/looking-deeper-into-robotic-automation-protiviti.pdf,

Stand: 25.02.2018.

PwC (2010)

Mit strategischer Planung zum Unternehmenserfolg, Frankfurt am Main,

http://www.pwc.de/de_DE/de/risiko-management/assets/Studie_Strateg_Planung.pdf,

Stand: 25.02.2018.

Rose, D. (2017)

Gastbeitrag: Robotic Process Automation (RPA) - Softwareroboter heuern bei Finanzdienstleistern an,

http://digital-finance-experts.blogspot.de/2017/02/gastbeitrag-robotic-process-automation.html,

Stand: 25.02.2018.

Scheer, A-W. (2017)

Robotic Process Automation (RPA) – vom großen Mysterium zum nächsten disruptiven Technologietrend,

https://www.scheer-group.com/Scheer/uploads/2017/03/Scheer_PI_Robotic_Process_Automation_170320.pdf,

Stand: 25.02.2018.

Sopra Steria GmbH (2017)

Branchenkompass Banking 2017.

Sorg, S. O. / Bartonitz, M / Windisch, S. (2009)

Wegweiser für Manager: Das papierarme Büro: Mit elektronischen Geschäftsprozessen die Wettbewerbsfähigkeit steigern, Saperion AG.

Stachniak, Z. (1996)

Resolution Proof System: An Algebraic Theory, 4. Auflage, Springer Netherlands.

Sutner, S. (2016)

Robotic process automation can speed payer claims processing,

http://searchhealthit.techtarget.com/answer/Robotic-process-automation-can-speed-payer-claims-processing,

Stand: 25.02.2018.

Tucci, L. (2015)

KPMG: Death of BPO at the hands of RPA,

http://searchcio.techtarget.com/blog/TotalCIO/KPMG-Death-of-BPO-at-the-hands-of-RPA,

Stand: 25.02.2018.

Tucci, L. (2016)

Robotic process automation software: Find the right target,

http://searchcio.techtarget.com/blog/TotalCIO/Robotic-process-automation-software-Find-the-right-target,

Stand: 25.02.2018.

Verdi (2015)

Digitalisierung bei Logistik, Handel und Finanzdienstleistungen: Technologische Trends und ihre Auswirkungen auf Arbeit und Qualifizierung,

https://gender.verdi.de/++file++5693b933890e9b072f0003ef/download/ProMit-Studie_Digitalisierung_Web_2015.pdf,

Stand: 25.02.2018.

von Geyr, J. (2015)

Robotic Process Automation: Fünf Stellschrauben für eine erfolgreiche Personalarbeit,

https://www.computerwoche.de/a/fuenf-stellschrauben-fuer-eine-erfolgreiche-personalarbeit,3212001,

Stand: 25.02.2018.

Zanker, C. / Drick, K.-L. (2011)

Die Qualität der Arbeit im Bankensektor. Zwischen Restrukturierung, Renditedruck und Finanzmarktkrise – empirische Befunde (S. 131-141) in: Schröder, L. / Urban, H.-J. (2011) [Hrsg.]: Jahrbuch Gute Arbeit 2011: Folgen der Krise, Arbeitsintensivierung, Restrukturierung, Bund-Verlag.

Anhang 1: Technisches Automatisierungspotenzials nach Sektoren[1]

Exhibit 1   Technical potential for automation across sectors varies depending on mix of activity types

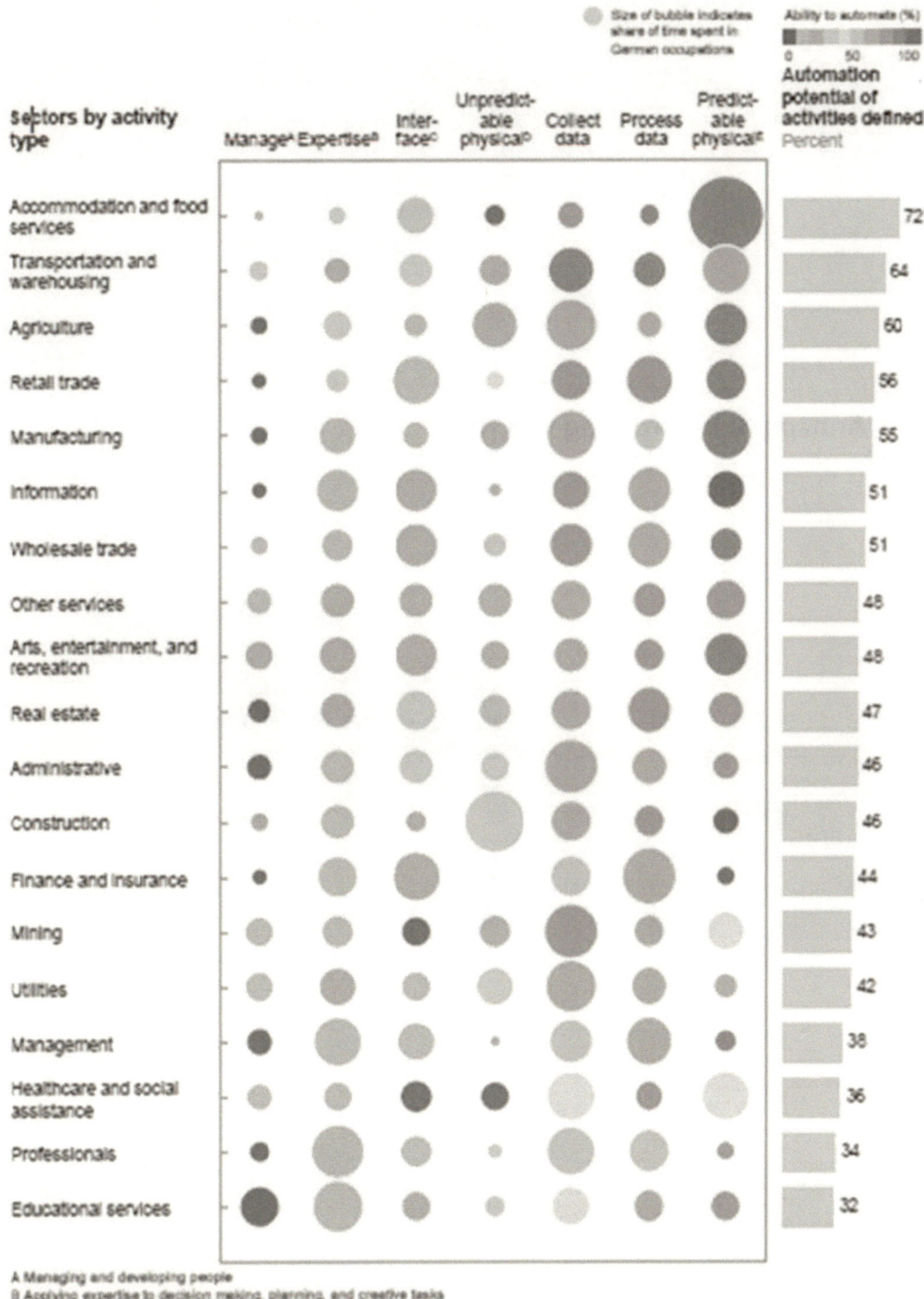

[1] McKinsey & Company (2017), S.16.

Anhang 2: Investitionsschwerpunkte in Technologien für Banken[2]

Investitionsschwerpunkte		
Front-Office-Bezug	**Back-Office-Bezug**	**Marketing- / Vertriebsbezug**
Integration der Funktionalität der Kommunikationskanäle (Mehrkanal-Systeme) gegenüber dem Kunden	Unified Communications (Technische Zusammenführung aller Kommunikationsdienste des Unternehmens – PDA, Smart Devices, Telefon, Internet, …)	Business Analytics / Big Data
Mobile Business	Konvergenz aus IT und Telekommunikation (ICT)	Vertriebssteuerung
Social Media	Industrialisierung von Geschäftsprozessen / Automatisierung	
Customer Relationship Management (CRM)	Einführung von Standard-Software	
	Einführung von Individual-Software	
	Cloud Computing	
	Archivierung / Dokumentenmanagement / Digitalisierung	
	Speichertechnologien / Datenhaltung	
	Security	

Anhang 3: Einordnung von RPA[3]

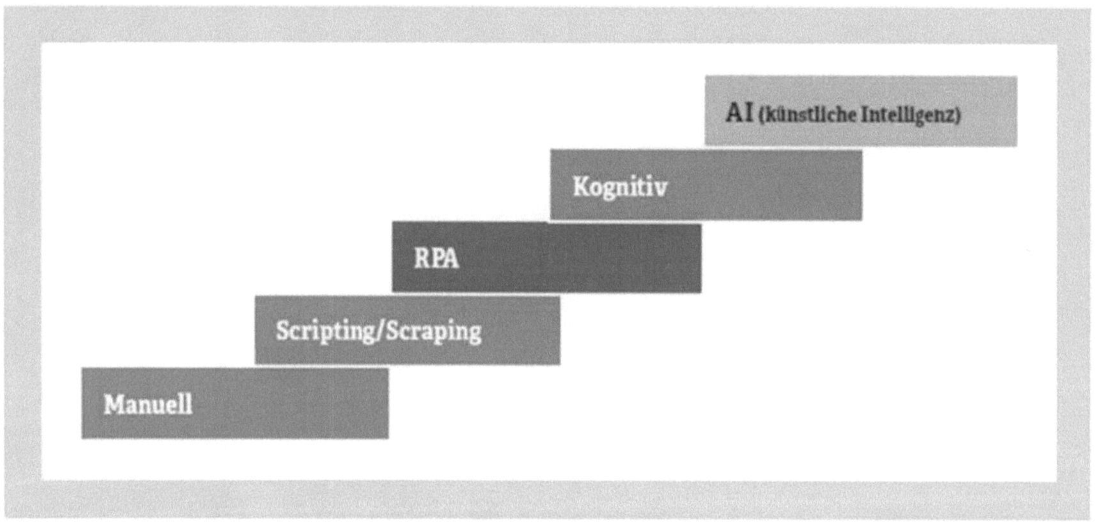

---

[2] Lünedonk GmbH (2012), S. 25.
[3] Marketing Resultant GmbH (2016), S. 73.

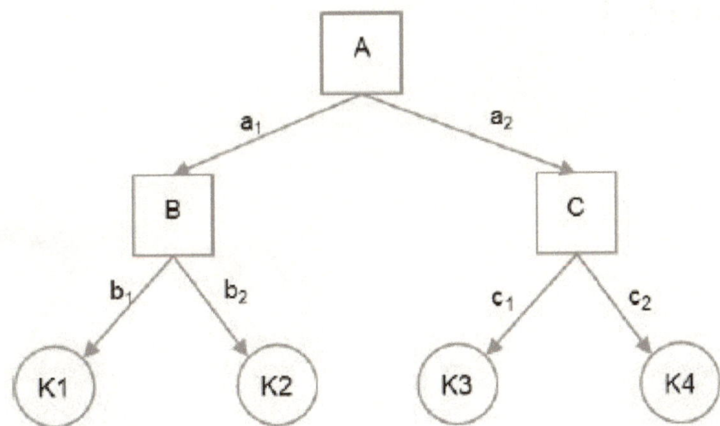

Knoten mit
Verzweigungsmerkmal

Kante mit
Merkmalsausprägung

Knoten mit
Verzweigungsmerkmal

Kante mit
Merkmalsausprägung

Blätter mit Klassifikation
über Zielvariable

---

[4] Hilpert (2014), S.43.